新型职业农民培育系列教材

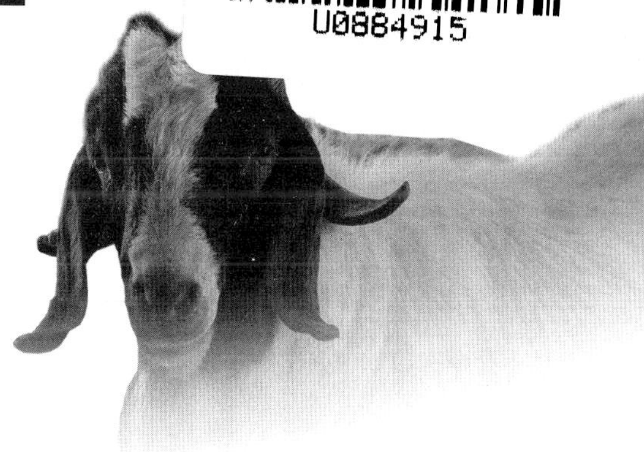

肉羊规模生产与羊场经营

李菊兰　刘建霞　李天平　主编

中国农业科学技术出版社

图书在版编目（CIP）数据

肉羊规模生产与羊场经营 / 李菊兰，刘建霞，李天平主编 .
—北京：中国农业科学技术出版社，2017. 5
ISBN 978 – 7 – 5116 – 3043 – 8

Ⅰ. ①肉… Ⅱ. ①李…②刘…③李… Ⅲ. ①肉用羊 – 饲养管理
②肉用羊 – 养殖场 – 经营管理 Ⅳ. ①S826. 9

中国版本图书馆 CIP 数据核字（2017）第 078308 号

责任编辑 白姗姗
责任校对 贾海霞

出 版 者 中国农业科学技术出版社
北京市中关村南大街 12 号 邮编：100081
电　　话 (010)82106638(编辑室) (010)82109702(发行部)
(010)82109709(读者服务部)
传　　真 (010)82106650
网　　址 http://www.castp.cn
经 销 者 各地新华书店
印 刷 者 北京富泰印刷有限责任公司
开　　本 850mm ×1 168mm 1/32
印　　张 6. 5
字　　数 157 千字
版　　次 2017 年 5 月第 1 版 2017 年 5 月第 1 次印刷
定　　价 28. 90 元

《肉羊规模生产与羊场经营》

编 委 会

前　言

中国是世界上第一大羊肉生产国，生产以自给为主，进出口数量极少；在品种上，国内肉羊品种较多，共有127个品种，但所养肉羊多为杂交改良肉羊；虽然中国的羊肉产量、羊肉消费总量和养羊数量均居世界首位，但国内现有的肉羊养殖集中化程度不高，饲养方式落后，肉羊产业发展较慢；随着居民消费水平的提高和膳食结构的变化使得羊肉消费呈现稳步增长势头，尤其是高端羊肉（羔羊肉）消费。供需状况的这种反差促使羊肉价格平稳上升。

本教材在编写时力求以能力本位教育为核心，语言通俗易懂，简明扼要，注重实际操作。主要介绍了肉羊场的规划和建设、肉羊品种和杂交模式的选择、肉羊的繁殖、营养需要与日粮配制、粗饲料的加工与调制、饲养管理、防疫管理与疾病防治、肉羊场的生产经营与管理等内容。

本书围绕大力培育新型职业农民，以满足职业农民朋友生产中的需求。重点介绍了肉羊生产的基础知识。书中语言通俗易懂，技术深入浅出，实用性强，适合广大新型职业农民、基层农技人员学习参考。

编　者

2017年3月

目　录

第一章　肉羊场的规划和建设

第一节　场址的选择

我国各地自然生态经济条件相差很大，羊场选址和规划建设应因地制宜。在无公害肉羊生产体系内，羊场选址应符合NY/T 5151《无公害食品肉羊饲养管理准则》的要求。

一、地形、地势

羊场建设用地必须遵守国家土地利用相关法规，不应占用适宜耕作土地。羊舍须建在地势较高、干燥、避风向阳、排水容易的地方，土质要坚实、干燥，相对坡度以1%～3%为宜，地下水位应低于0.5米，要远离洪水和火灾威胁，不可在低洼潮湿、山洪水道和冬季风口地建筑羊舍。目前各地城镇建设发展较快，若选址不当，新建羊场有可能被迫搬迁，从而造成重大的经济损失。因此，新建羊场选址还要考虑当地城乡建设发展的长远规划。

二、空气、环境

羊场周围空气要清新，不能被灰尘或化学物质污染。为保证羊的福利，空气质量须符合GB/T 18407.3—2001《农产品安全质量无公害畜禽肉产地环境要求》（表1－1）。羊场应处于已知污染源的上风方向，远离铁路、公路、城镇、居民区和公共场所1千米以上，远离垃圾处理场、化工厂、采矿场、皮革厂等污染源3千米以上，以满足防疫需要。

表1－1　无公害食品产地空气中各项污染物的指标要求（标准状态）

项目	指标	
	日平均	1小时平均
总悬浮颗粒（TSP），毫克/立方米≤	0.30	—
二氧化硫（SO_2），毫克/立方米	0.15	0.50
氮氧化物（NO_x），毫克/立方米≤	0.12	0.24
氟化物（F），微克/立方分米	3	—
铅（标准状态），微克/立方米≤	季平均1.50	

三、水源

为保证羊场职工生活用水和生产用水，羊场的水源供应量要充足，水质要良好，符合GB/T 18407.3—2001水质要求（表1－2）。

表1－2　无公害食品产地畜禽养殖用水各项污染物的指标要求

项目	指标
砷，毫克/升	≤0.05
汞，毫克/升	≤0.001
铅，毫克/升	≤0.05
铜，毫克/升	≤1.0
铬（六价），毫克/升	≤0.05
镉，毫克/升	≤0.01
氰化物，毫克/升	≤0.05
氟化物，毫克/升	≤1.0
氯化物，毫克/升	≤250
六六六，毫克/升	≤0.001
滴滴涕，毫克/升	≤0.005
总大肠菌群，个/升	≤3
pH值	6.5～8.5

四、交通运输

羊场必须与一条以上的主要公路直通，以利饲料、饲草、活羊及羊产品运输。

五、电源

羊场生产、生活都要求有可靠的供电条件。除一般照明用电外，集约化羊场还应具备10千瓦以上的供电能力，以供饲草料加工及其他饲养管理设备的正常使用。

第二节　羊场的规划及布局

各种羊舍以及舍内分区（如产羔栏、人工哺育栏、教槽饲喂栏、限制性哺乳栏）和各种附属设施都应合理规划和布局，以便羊群饲养管理及保健。羊舍的规划布局要考虑当地的自然生态条件，也要与羊场的饲养管理制度相匹配。

一、肉羊场规划原则

羊场总体设计应遵循生产区和生活区相隔离、病羊和健康羊相隔离及原料、产品、副产品、废弃物转运互不交叉的原则。人员、肉羊和物质运转应采取单一流向，生活区和管理区应位于生产区的上风方向，兽医室、病羊隔离区、储粪池要建在生产区的下风方向。各区最好按有序性坡度分布（图1－1）。有条件的大型肉羊场还应划出饲料用地，其灌溉用水、土壤环境质量均要达到GB/T 18407.3—2001的相关规定。

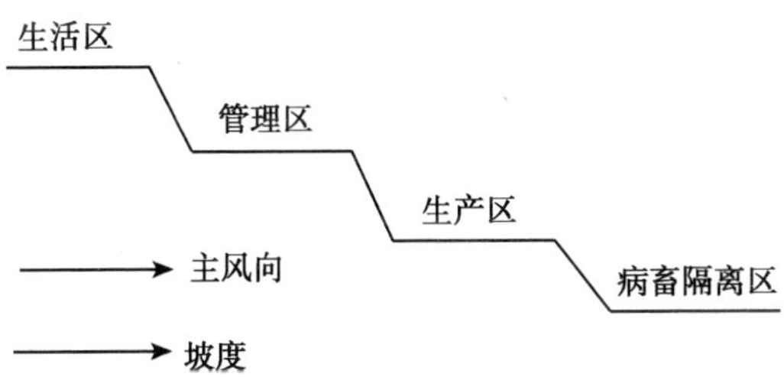

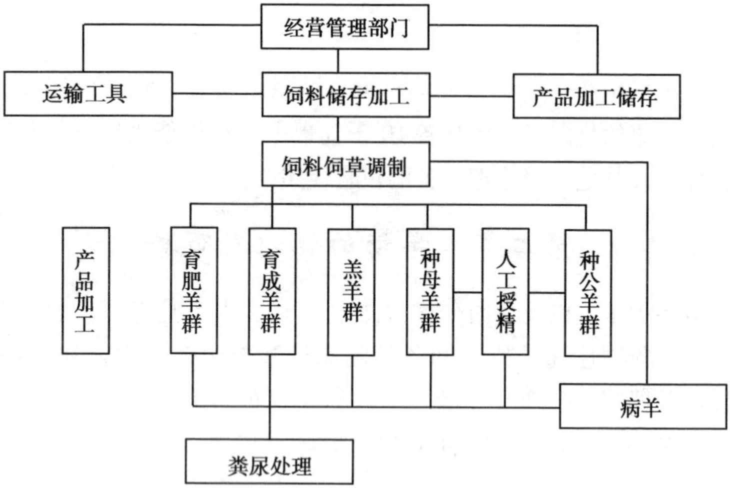

图 1-1 肉羊场地规划与平面布局

二、羊舍间距要求

确定羊舍间距主要考虑防疫、日照、通风、防火和节约占地面积。

(一) 防疫间距要求

要求羊舍排出的有害气体、粉尘微粒和病菌不能进入相邻羊舍。若为开放式羊舍，主导风向与羊舍长轴垂直时，要求间距不小于羊舍檐高的 5 倍；当主导风向与羊舍长轴成 30°～60°时，可将间距定为檐高的 3 倍。一般同类羊舍间距以 8～10 米为宜，不同类羊舍间距以 30～50 米为宜。

(二) 通风间距要求

若采取自然通风，按防疫要求设置的间距，可顺利通风排污。若采取机械通风，羊舍间距不小于羊舍檐高即可。

（三）防火间距

羊舍耐火等级不应低于砖瓦房，防火间距不小于 10 米，相当于檐高的 3 倍。

（四）采光间距要求

从舍内光线要求来看，羊舍间距不应低于檐高的 2 倍。

（五）羊舍排列和朝向布局

可将羊舍以 10 米间距依次排列成单列，一栋或两栋羊舍设一个料塔和排污池。当羊舍数目较多时，可依次排成双列（图 1－2），使羊舍相对集中，便于两列共用供料路线，缩短电网距离，节省管理成本。有必要时，可将羊舍布置成三列或四列式，但一般多采用单列或双列式。

图 1－2　双列式羊舍

羊舍朝向的选择要既有利于通风和舍温调节，又有利于整体布局和节约土地。确定朝向时，主要考虑羊舍日照与通风情况，适宜朝向应使冬季冷风渗透少，夏季通风量大而均匀，取得冬暖夏凉的效果。在我国多数北方地区，若建设单列式肉羊舍或地面饲养式羊舍，则多数地区以坐北朝南、偏东南 8°～15°为好；新疆等地可南偏东 40°或南偏西 30°；东北等地可坐北朝南，偏西 5°左右。若建设双列式羊舍，则宜采取南北向排列，使两运动场分别位于东面和西面，以利采光和冬季避风。

三、场内道路和绿化带

要将运输饲料、羊和进行笼具消毒等的清洁道及出粪和运输病羊的污染道分开布置，使二者互不相通和互不交叉。若难以避免交叉，则应在交叉处设隔离带。主干道宽度应为5.5～6.0米中级硬化路面，承载压力要求在25～30吨。若有回车场时，可将主干道宽缩减为3.5米。除主干道外，其他一般道路可设计为2.5～3.0米宽的低级路面。

各种绿化植物（图1－3）可通过阻挡、过滤和吸附作用，减少羊场空气中的细菌含量，达到美化、净化和改善环境的功能。某些植物还有分泌抑制或杀灭微生物的物质，产生消毒和防疫效果。肉羊场绿化覆盖率应达到30%以上，并在场外缓冲区建5～10米环境净化带。

图1－3　肉羊场羊舍外景

第三节　羊舍的建造

一、设计原则

肉羊场的设计应达到GB/T 18407.3—2001《农产品安全质量无公害畜禽肉产地环境要求》规定的环境标准。规划设计羊舍时，应遵循以下原则。

（一）符合羊的生物学特性

应充分考虑舍饲对肉羊生理习性、行为学模式带来的影响，尽量吸收自然放牧饲养模式的优点，满足羊的动物福利要求。

（二）适应当地的气候和地理条件

羊舍要达到冬季防寒、防雪，夏季防暑、防潮、防雨，通风换气良好，为羊提供舒适的生活环境。

（三）适合肉羊生产工艺的要求，便于饲养管理

应充分考虑降低生产成本、提高劳动生产率、设备合理应用的可能性，为各种生产机械的安装使用留足空间，提供方便。

（四）兼顾建筑学上的经济实用性

在满足肉羊生物学特性的前提下，选用经济实用的建筑材料，尽量降低建设成本。

二、肉羊舍设计内容及基本参数

（一）肉羊场设计内容

推广标准化羊舍建设，有利于促进养羊业向规模化、专业化、规范化、科学化方向发展。我国目前尚无适用于不同地区的肉羊场设计、建筑国家标准，可根据相关的标准进行羊舍设计。标准化羊舍建设内容包括羊舍（基础母羊舍、种公羊舍、育成母羊舍、羔羊舍、产羔舍）、运动场、饲喂和饮水系统、排污系统、储草棚、青贮窖、饲料加工间、沼气池建设等。

（二）肉羊对环境的要求

1. 温度和湿度

国外早熟型肉用绵羊生长发育所需适宜温度8～22℃，临界低温和高温分别为－5℃和25℃；国内粗毛羊的临界低温和高温为－15℃和25℃；羔羊初生时适宜温度为27～30℃。冬季产羔

舍最低温度不应低于10℃，其他羊舍温度应在0℃以上；夏季羊舍温度不应超过30℃。通常羊的生长发育所需适宜的相对湿度为50%～80%。

羊对极端天气很敏感，过度高温和过度低温均可影响羊的健康及生产性能，应采取措施减少极端气候对羊造成的不利影响，尽量避免热应激和冷应激。在新生羔羊、成年羊剪毛后，体况不佳，连天阴雨等情况下，羊容易感冒。因此，应提供有效的防雨设施，可通过修建棚舍、栽培灌木和树木等措施增强肉羊抵御风寒能力。为维持冬季舍内温度适宜，除必要的加热装置外，应合理设计羊舍。南向羊舍的受光面积大，接受强日照时间长，利于羊舍保温。因此，羊舍以坐北朝南为宜。据测定，自然通风的砖混结构羊舍可营造相对适宜的小气候环境，夏季白天舍内温度平均可比舍外低2.9℃左右，而冬季舍内温度可比舍外高8～10℃，舍内有害气体浓度也远低于家畜环境卫生学标准的要求。

2. 通风和换气

一般羊舍中夏季二氧化碳和氨气浓度分别以2 694毫克/立方米、18毫克/立方米（冬季分别以2 946毫克/立方米，20毫克/立方米）为限。羊舍空气中总悬浮颗粒、二氧化硫、氮氧化物、氟化物等指标参见GB/T 18407.3。成年肉用绵羊冬季和夏季通风换气参数分别要求在0.6～0.7立方米/（分·只）、1.1～1.4立方米/（分·只），育肥羔羊分别为0.3立方米/（分·只）、0.65立方米/（分·只）。一般羊舍冬季舍内风速宜在0.1～0.2米/秒，最高不超过0.25米/秒。

对于封闭式羊舍来说，要具备良好的通风换气功能（机械通风、自然通风均可），以利散热、散湿、除尘、降低舍内二氧化碳和其他有害气体浓度，减少空气传播性传染病发生。通风口设置要合理，不要正对羊，造成穿堂风。可在羊舍墙壁上开设窗户或通风口（10～15 厘米）来实现空气对流。

3. 光照

肉羊舍应具有适宜的光照，并和气候条件相适应，不得使肉羊长时间处于黑暗中。光照可采用自然光或人工光源。成年羊舍的采光系数以（1：10）～（1：15）为宜，羔羊舍（1：15）～（1：20），产羔舍采光系数可略低。为增大羊舍自然光的采光面积，应考虑羊舍高度、跨度和窗户大小等因素，合理设置窗户大小及位置。羊舍相对较高和窗户面积较大均有利于阳光透射入内，以提高羊舍内部温度，有利于羊群越冬，但不利于夏季消暑降温。若使用人工光照，从动物福利的角度考虑，人工光照时间应和自然光照时间大致相同。人工光照也应具有适宜的强度，以便对羊实施检查。一般舍内照明，每 40 立方米可安装 100 瓦灯泡 1 只即可。

4. 空间需求

羊舍设计和建设应考虑地形、气候、羊的年龄和体格大小、羊对空间和饲料的要求、劳力和管理技术等方面因素。应为羊提供充足的空间，满足羊站立、转身、躯体伸展、躺卧的空间要求，不能过度拥挤。在舍饲条件下，饲养密度过大、建筑设施不合理以及环境过于单调都会使羊的许多正常行为表现受到抑制或完全丧失，从而导致生产水平下降。

集约化饲养肉羊最小空间需求量因品种、性别、年龄、生理状态、气候条件等因素变化而变化。

三、羊场规划与羊舍设计案例

（一）半封闭式羊坡羊舍

图 1－4 为半封闭式地面饲养育肥舍布局图。两间羊舍耦联，可容纳 100 只从断奶到 40 千克活重育肥羊。饲喂通道可用

于分群，在饲喂通道、棚舍区等处还设小门，露天区周围完全用围栏封闭。对于体重高于 40 千克的育肥羊，可将每间棚舍的长度加长到 8 米，露天区跨度可由 6 米改为 7 米。若育肥羊总数量超过 100 只，可根据上述尺寸加倍。

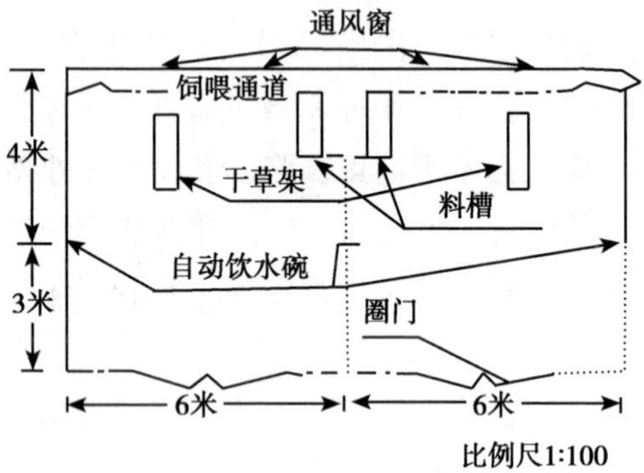

图 1－4　100 只断奶到 40 千克活重羔羊育肥舍设计，其中断续线表示围栏区

（二）日光温室羊舍

以吉林省农业科学院王大广等提出的适宜于东北的日光温室为例，说明羊舍建筑设计主要参数。

（1）跨度 8 米，长度以 25～60 米为宜，屋面角以 10°～30°为宜。

（2）四面墙壁高度分别为北墙 2.2 米，南墙 1 米，东西山墙 2.2 米，斜坡棚面高度：北沿高 2.2 米，南沿高 1.5 米。北墙与东、西山墙厚为 37 厘米，南墙厚为 24 厘米。

（3）通风窗。北墙设有上、下两排通风窗。上窗口尺寸 1 米×1 米，窗间距 3 米；下窗口尺寸为 0.5 米×0.5 米，窗间距 1.5 米。下窗口下沿距地面 0.3 米，上、下窗间距 0.1 米。南墙上沿与棚面南沿间距为 0.5 米，是完全开放式通风口。

（4）围栏。舍内设宽 1.5 米的东西向过道；两侧设有围栏，每个围栏东西长 4 米，南北宽 2.75 米。过道两侧设隔墙，高 0.3 米，厚 0.24 米，隔墙上放料槽。每个围栏设一个小门，门高 1 米，门宽 0.8 米。每个围栏高度均为 1 米。

（5）北屋面靠近北墙，宽 1.5 米，高 2.2 米，由 2.5 厘米厚木板铺设，上压防雨和保温层，是卷放草苫的作业部位。在其上每隔 8 米装一个冬季换气天窗，天窗尺寸为 0.3 米 × 0.3 米。

（6）南屋面是透光面，由塑料薄膜和拱架及压膜杆组成。拱架用铁管、竹竿等制作，间距 1 米。压膜杆用料与拱架相同，间距同为 1 米。

（7）薄膜用聚氯乙烯薄膜，厚 0.1 ~ 0.2 毫米。草苫厚 3 ~ 4 厘米，宽 1.2 米。

（8）入舍门开在山墙，高 1.8 米，宽 1.5 米。运动场面积按羊舍面积的 2 ~ 3 倍设计，搭置凉棚用于遮阳和避雨。

（三）双坡地面饲养羊舍

以内蒙古赤峰红武规模化舍饲养羊场为例，说明双坡地面饲养羊舍设计技术参数。

（1）羊舍朝向为南北向（坐北朝南）、东西向（坐东朝西、坐西朝东）。

（2）羊舍长 43.2 米，跨度 9.6 米，檐口高 2.6 米，屋脊高 4.8 米。每栋羊舍包含 12 间，每间长 3.6 米；其中南北朝向的羊舍东侧、东西朝向的羊舍北侧为工作间和产房，占 2 间。

（3）墙体厚 37 厘米，双坡屋顶，木屋架，屋顶上均匀设置 3 个风帽。

（4）若为南北朝向羊舍，在每间羊舍的南墙开设一个 2.5 米 × 1.6 米的窗洞，在南墙中间开设一个 2.5 米 × 2.6 米的大门，在每两间羊舍的北墙设计 1.2 米 × 1.4 米的窗户。若为东西朝向羊舍，则在每间羊舍的东墙开设 2.5 米 × 1.6 米的窗洞，在东墙中间开设2.5米×2.6米的大门，在每两间羊舍的西墙设计1.2米×1.4米的窗户。

（5）羊舍内无围栏，采用砖地面，冬季在其上面铺垫干羊粪或其他适宜垫料。食槽沿四周墙壁设置。采取自然通风，根据季节和天气状况的变化及时开闭窗户和屋顶通风帽。无加热供暖设备。

（6）在每栋羊舍前边开设长为43.2米，宽为30米、三合土地面的运动场，在其中设置水槽。

（四）双坡单列式羊舍

以山东地区小尾寒羊种羊场的羊舍为例，说明双坡单列式羊舍规划设计。该场饲养300多只成年小尾寒羊，种羊分4组，实行两年三产的繁殖周转模式。

1. 总平面设计

根据当地地形地势、主导风向等具体条件，将办公室、宿舍、食堂和车库等设在东南部，生产区在北部。生产区羊舍采用双列式布置，羊舍间距24米，设2条净道和3条污道，各羊舍间还设便道。各区域有隔墙和林带相隔。羊场大门口设有消毒更衣室、门卫室、设车辆消毒池，生产区四周由围墙绿化带等与外界相隔。场区南北侧距主要公路近，交通、水力、电力都很便利。

2. 羊舍建筑设计

（1）哺乳母羊舍和空怀母羊舍。总长64.8米，跨度6米，建筑面积388.8平方米，运动场设在南面，羊舍与运动场面积比为1∶2.5，舍内设有饲料间和休息室各1间，共有单列式羊栏16栏，5只/栏，80只/栋。每只2.6平方米，食槽宽度50厘米/只，栏位宽3.6米。

（2）妊娠母羊舍。建筑和舍内布局同上，仅增加每栏羊数量（10只/栏），160只/栋。每只羊所占羊舍面积为1.4平方米，采食宽度 36 厘米/只。

（3）育成、后备母羊舍。舍长 43.2 米，跨度 6 米，建筑面积为 259.2 平方米，舍内设有饲料间和休息室各 1 间，共有单列式羊栏 10 栏。育成羊 4 栏，12 只/栏，每只 1.1 平方米；后备母羊 6 栏，12 只/栏，每只 1.1 平方米。每栋羊舍 120 只羊，食槽宽度 22 厘米/只，栏位宽 3.6 米。

（4）待配母羊和种公羊舍。舍长 43.2 米，跨度 6 米，建筑面积为 259.2 平方米，舍内共有 10 栏。种公羊 3 栏，3 只/栏，食槽宽度 80 厘米/只，每只公羊所占面积为 4.4 平方米。后备公羊单独占 1 栏。待配母羊 6 栏，14 只/栏，食槽宽度 20 厘米/只，每只占 1.0 平方米。

（5）隔离舍。舍长 64.8 米，跨度 6 米，建筑面积为 388.8 平方米，共有 14 栏，栏宽 3.6 米。

（6）舍门。以上各羊舍均有双扇平开门，山墙门高 2.0 米，宽 1.5 米。舍内喂料通道宽 1.8 米；南墙根据羊栏的数量，每栏设 1 个洞口进入运动场，洞口采用推拉门。运动场上设草架，舍内羊栏、运动场各设 1.0 米高、1.0 米宽小门。在运动场南 0.6 米处设 1 条 0.4 米宽排水沟。

（7）窗户。羊舍北窗为推拉窗，窗台高 1.2 米，窗户宽 1.8 米、高 1.2 米。南窗为卷帘窗，有半截墙，窗台外侧下 12 厘米里面设浅沟以固定卷帘。

（8）料槽。每栏设 1 个“U”形料槽，长、宽、高分别为 2.6 米、0.4 米、0.4 米。两栏共用 1 个水槽，长、宽、高分别为 1.2 米、0.4 米、0.2 米，槽底设地漏。

（9）羊床及运动场。地面均为侧铺浆垫红机砖地面，砖厚 12 厘米，羊床坡度 1%，运动场相对坡度 2.5%，喂饲道地面为 10 厘米厚混凝土地面，砖砌外抹灰食槽和水槽。

（10）屋顶。为双坡式钢屋架，用 10 厘米彩钢复合板搭建；

砖混结构清水墙，厚 24 厘米，舍净高 2.6 米，舍内饲料通道宽 1.8 米；舍内及运动场的围栏均高 1 米。

第四节　羊场的设施设备

一、饲喂设备

饲喂设备应注意卫生，保持清洁，减少污染，避免不必要的反复清洗。要有专门的料槽和草料架，避免污染和浪费。

肉羊的饲喂空间需求取决于个体大小及同时进食羊的数量。若饲喂颗粒谷实饲料和青干草，成年羊平均所占的饲槽宽度应达 30 ~ 45 厘米/只，较大羔羊为 25 ~ 35 厘米/只。若使用自动饲喂系统，则断奶前羔羊的饲槽宽度应达 4 厘米/只，断奶后羔羊为 6 厘米/只，较大羔羊为 10 厘米/只。图 1 –5、图 1 –6、图 1 –7分别为适用于母羊、羔羊谷实颗粒料和干草饲喂的几种饲喂设备。其中，羔羊自助式饲喂器可保持饲料清洁及提高羔羊颗粒饲料利用率，也能大大节省人工。图 1 –8 是一种羊舍内运料的小型手推车。

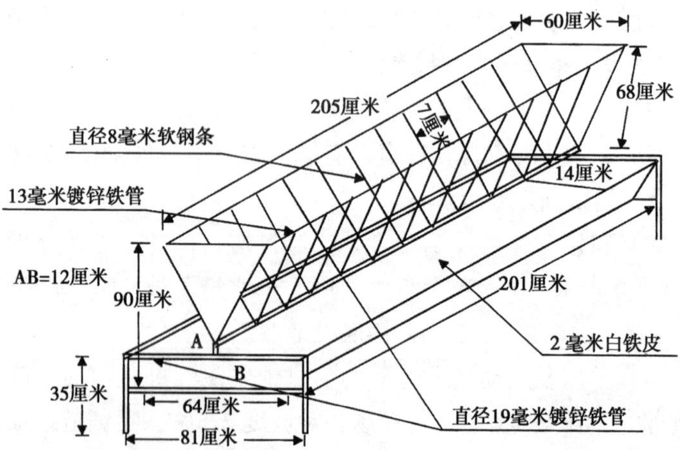

图 1 –5　轻便型颗粒料及青干草饲喂槽

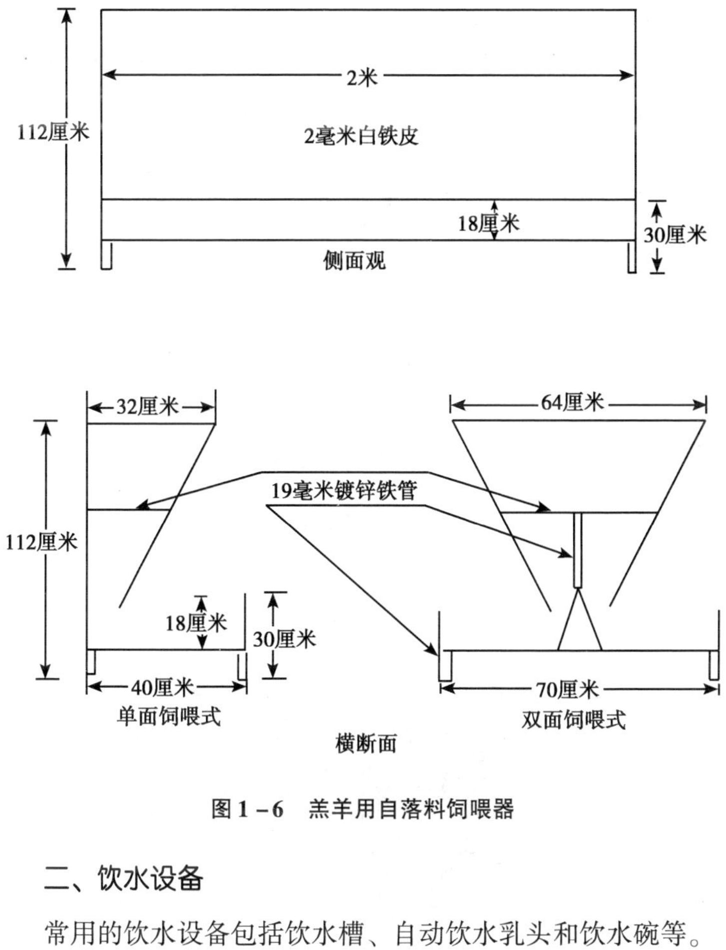

图 1－6　羔羊用自落料饲喂器

二、饮水设备

常用的饮水设备包括饮水槽、自动饮水乳头和饮水碗等。

（一）饮水槽

可用水泥槽或用截开的油桶作为饮水槽。槽中水温要适宜，不能过冷或过热，饮水空间要充足。一般每只羊需要 2～3 厘米的饮水槽位。若水源压力不足、进水管过细及因夏季炎热饮水量大时，可增加饮水槽位至 30 厘米/只。若羊群大于 500 只时，

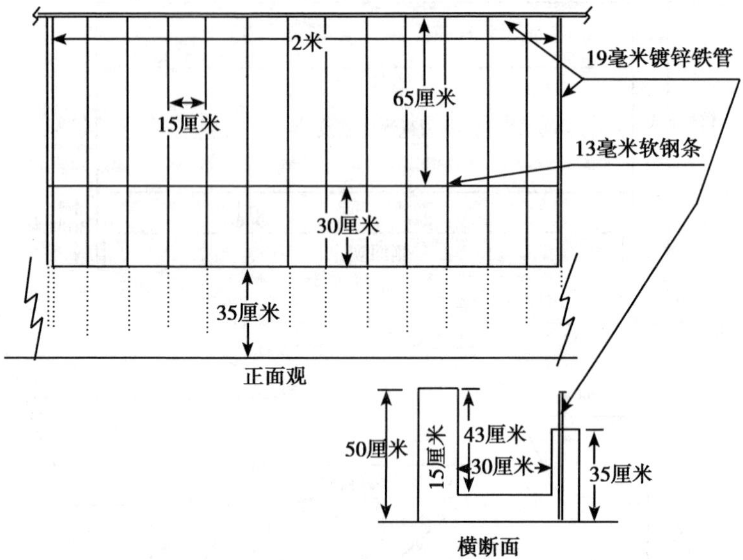

图1-7　水泥槽

图1-8　运料手推车

应增加至31.5厘米/只。饮水设备安置也要合理，还要避免掉落的杂物污染水体。在饮水设备周围应有排水沟或者建成水泥地面，以免水槽周围地面泥泞不堪，助长蚊蝇滋生。

（二）自动饮水系统

自动饮水系统一般由水井（或其他水源）、提水系统、供水管网和过滤器、减压阀、自动饮水装置等部分组成。可先将饮水储存在专门水塔或水罐（图1－9）内，经地埋PVC管输送到羊舍，然后改为直径30毫米的镀锌管（距地面1.1米），顺羊舍背墙，穿越隔墙，形成串联性供水管道。在管道最末端可直接安装弯头落水管或自动饮水设备。自动饮水器有鸭嘴式、碗式和乳头式等，目前普遍采用的是自动饮水碗和鸭嘴式自动饮水器（图1－10）。

图1－9　小型羊场用储水罐

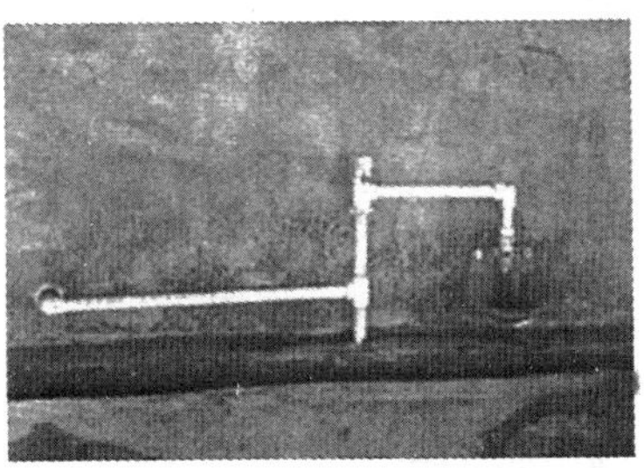

图1－10　自动饮水器

若用饮水碗，1只饮水碗分别可满足40～50只带羔母羊、50～75只羔羊的饮水需要。而1只饮水乳头可满足15～30只羊需要。一般要在每个圈舍内安装 2 个以上饮水碗或饮水乳头。在使用自动饮水器前，要对羊进行调教。

三、围栏

用围栏可将羊舍内大群羊按年龄、性别等分为小群，划分出产羔栏、哺乳栏、教槽饲喂栏、人工哺乳栏等不同功能单元，减少羊舍占地面积，便于饲养管理和环境保护。此外，羊舍外运动场周围也要使用围栏。围栏可用木材、铁丝网、钢管等材料制作。肉用绵羊围栏以 1.5 米较合适，肉用山羊的应高于 1.6 米。图 1－11（左）为一种羔羊补饲栅门，只可容早期羔羊通过，用于羔羊教槽饲喂。图 1－11（右）为一活动栅栏，可用于围成短期羔羊人工哺育栏、临时性产羔栏等。图 1－12 为常用的分群栏。

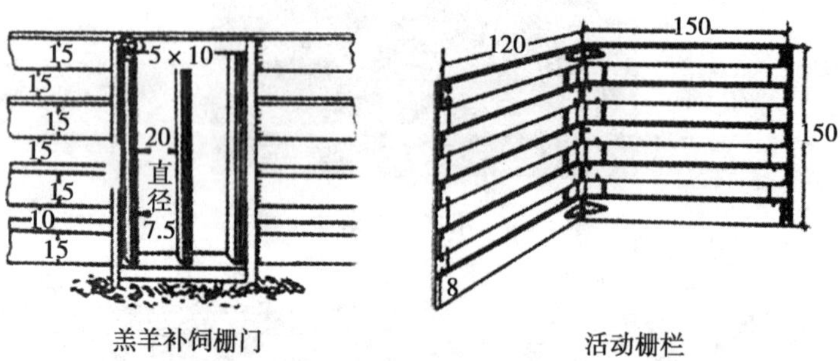

图 1－11　常用栅栏设计（单位：厘米）

四、干草棚和饲料原粮仓库

干草棚（图 1－13）是必需的附属设施之一，可用于储存各种青干草，以备冬天使用。干草棚数量和干草储备量多少可依据饲养模式和羊的数量而定。一般成年羊、育成羊和羔羊每只每天需要的干草量分别为 2 千克、1 千克、0.1～0.8 千克。每吨苜蓿干草、禾本科干草、秸秆占用的储存空间，据此可估算需要修建干草棚的数量和大小。

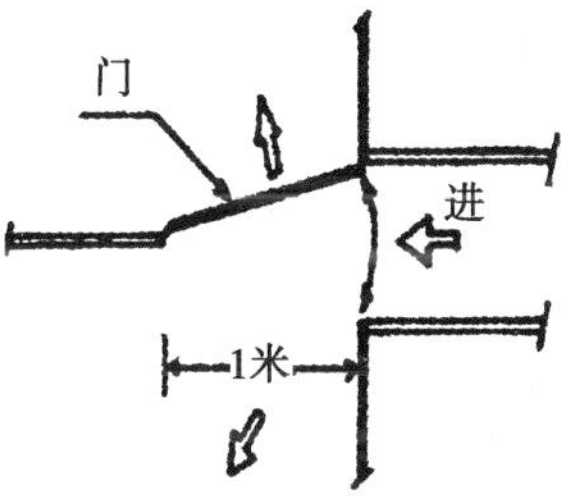

两向式分群栏

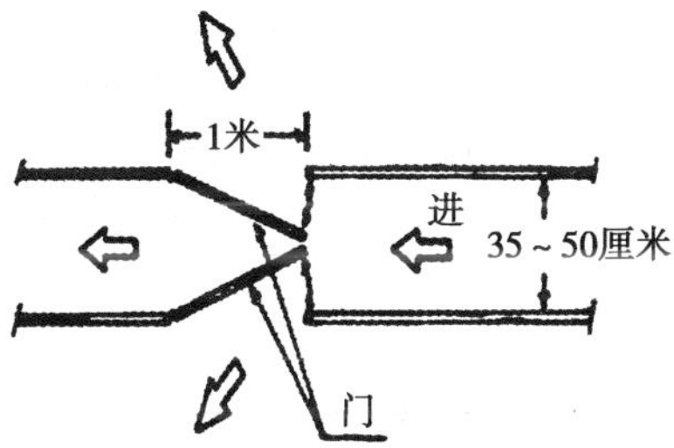

三向式分群栏

图1－12　常用的分群栏

图1－13　储藏青干草的干草棚

饲料储存仓库可用砖或水泥块修建，也可用其他材料（图1－14）修建，应靠近羊舍。若从外购混合饲料，需要的仓库储

图1－14　精饲料原料仓库

存容积相对较小。若羊场自己配制饲料，需要的仓储容积大。这时还需要有配套设备，如饲料检验、称量、粉碎、搅拌设备等。注意要筛除饲料原料中的钢丝、碎玻璃等物质，以免对羊的健康造成损害。若制作颗粒饲料，应准备专用的储存罐或其他容器。

五、消毒设施

应分别在羊场大门口、生产区入口处及羊舍门口设置消毒池和消毒间等。消毒池宜为防渗的硬质水泥结构。大门口消毒池的宽度应与大门口宽度基本相等，长度为进场大型机动车车轮 1.5 周，深度为 15 厘米左右，池顶可修盖遮雨棚，池四周地面应低于池沿。池内放 2% 氢氧化钠溶液或 20% 石灰水，每周更换 1 次。

生产区大门口消毒池长、宽、深应与本场运输工具车相匹配。消毒间应开两个门，一侧通向生活管理区，一侧通向生产区。消毒间可装紫外线灯，地面应设有消毒垫或设喷淋消毒设施。一切人员皆要在此换衣，带上鞋套（图 1－15），并用漫射紫外线照射

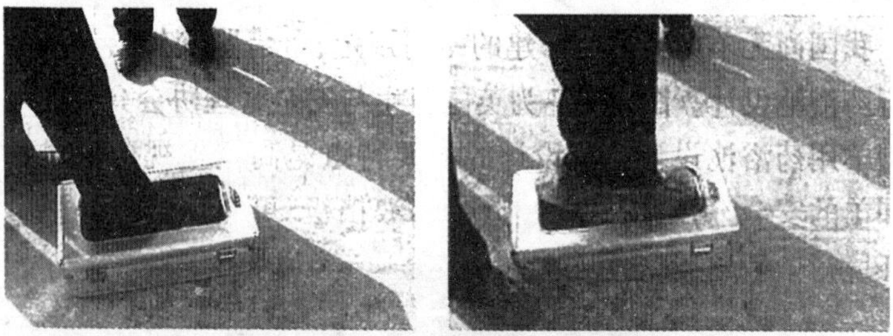

图 1－15　羊场参观者使用的自动鞋套机

5～10 分钟，或用全自动感应喷雾消毒机（图 1－16）喷雾消毒 5～10 秒。可设立淋浴室，供员工淋浴后换穿场内专用工作服、鞋。生产区内每栋羊舍前应设消毒垫和消毒盆。

羊场除建造消毒池和消毒间外，还应配备高压清洗机、喷

雾消毒机、火焰喷射器等各种消毒专用设备。

图1－16　全自动感应喷雾消毒机

六、药浴池

药浴池是预防和治疗羊外寄生虫病的专门设施。要合理设计好药浴池，尽量减少药物暴露时间及药液外溅对羊场环境可能带来的不利影响，保证人体和羊群安全。

（一）药浴池设计原则

药浴池设计的主要原则如下。

（1）药浴池要建在地势较低处，远离居民生活区和人畜饮水水源。

（2）在室内药浴容易吸入过多的蒸汽，所以药浴应在通风良好的室外进行。

（3）药浴池与水源的距离要保持在50米以上，与水龙头距离在10米以上。

（4）要有专门通道引导羊进入药浴池，药浴池入口要有一定坡度。

（5）药浴池要防渗漏，可在药浴池周围装上挡板，高度应在操作人员腰部以上，这样可避免药液外溅。

（6）在药浴池边，要有专门水管供应清洁水源，用于稀释药物或洗涤药浴池，还要考虑药液清除问题。

（7）药浴池出口要有一定斜坡，使出浴羊滴落的药物回流入池内。

（二）药浴池设计参数

我国尚无羊场药浴池修建的专门规定，可借鉴国外的先进经验进行药浴池设计。图 1－17 为英国卫生与安全管理协会介绍的一种典型羊用药浴池设计。该设计的主要特点是高度重视药浴过程中人和羊的安全，用防水材料建造了药液挡板，可避免药液外溅带来的环境污染问题，安全性好。

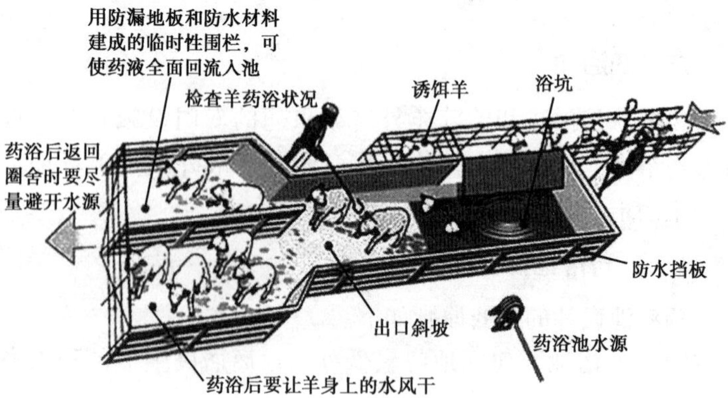

图 1－17　羊用药浴池设计图（1）

图 1－18 为集约化肉羊场设计的另一种药浴池，可供参考。这种药浴池主要用水泥、砖、石、钢管等材料建造；形状为长方形，全长超过 14.5 米，池底宽 0.5 米，池顶宽 0.9 米，可容 1 只羊通过而不能转身；池最深处约 1.4 米，实际用时可根据羊体格大小不同装液，以药液不淹没羊头为准；池入口呈陡坡状，羊群依次进入池中洗浴；出口处有小台阶，羊可缓慢出池，走上台阶，进入漏斗形围栏。

七、粪便堆场和污水储水池

肉羊场粪污堆放储存应符合 HJ 497—2009《畜禽养殖业污

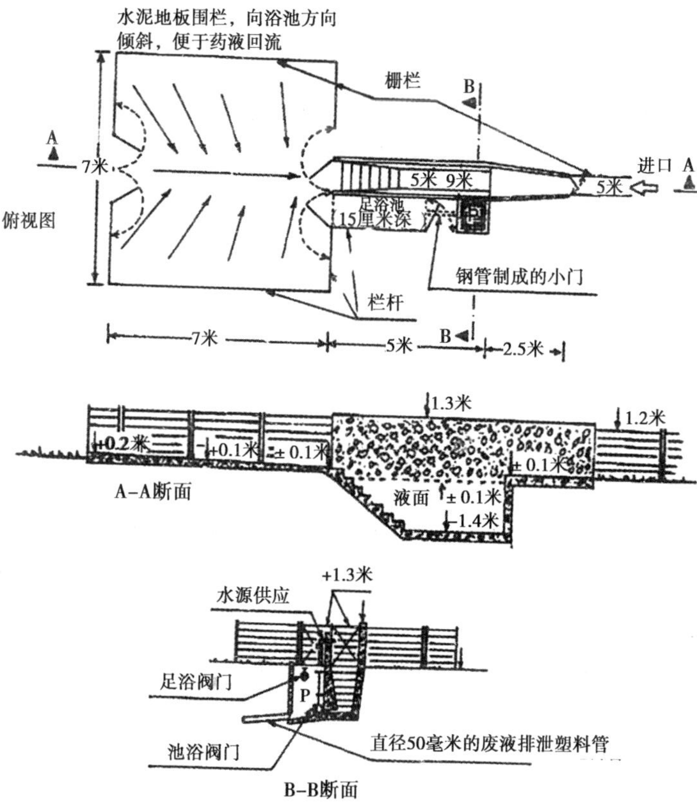

图 1－18　羊用药浴池设计图（2）

染治理工程技术规范》及 NY/T 1168—2006《畜禽粪便无害化处理技术规范》的要求。粪便堆场和污水储水池应设在生产及生活管理区常年主导风向的下风向或侧风向处，距离各类功能地表水源要在 400 米以上，应同时采取搭棚遮雨和水泥硬化等防渗漏措施。粪便堆场的地面应高出周围地面至少 30 厘米。实行种养结合的肉羊场，其粪便存储设施的总容积不得低于当地农林作物生产用肥的最大间隔时间内本肉羊场所产粪便的总量。

第二章　肉羊品种和杂交模式的选择

第一节　国内外主要的肉羊品种及特征

一、肉用绵羊品种

（一）引进肉用绵羊

1. 萨福克羊

【原产地】原产于英国的萨福克、诺福克等地，具有体格大、肉用体型好、早熟、生长快、胴体品质好等特点。在英国、美国等国家长期被视为终端杂交的最佳父本，但近来有逐渐被特克赛尔等品种替代的趋势。我国宁夏、新疆等地都有引进，适应性和杂交改良效果较好。

【外貌特征】体格大，头长耳平，鼻梁微隆，颈粗短，胸宽深，肋骨开张，背腰和臀部宽平，肌肉丰满，四肢粗壮。脸部和四肢均无被毛覆盖，呈黑色。成年羊身躯被毛呈白色，混生杂色纤维。羔羊体躯部被毛为灰色，外表美观（图 2－1）。

【生产性能】成年公羊体重 113～159 千克，成年母羊 81～113 千克。初生羔羊、3 月龄及 6 月龄体重分别为 5.34 千克、31.52 千克、47.44 千克。0～3 月龄和 3～6 月龄平均日增重分别可达 290.00 克、176.89 克。屠宰率在 50% 以上。成年公羊剪毛量 5～6 千克，成年母羊 2.25～3.6 千克。羊毛细度 25.5～33.0 微米（48～58 支），毛长 5～8.75 厘米。产羔率为 130%～140%。

图 2－1　萨福克羊

2. 白萨福克羊

【原产地】原产于澳大利亚，是由萨福克、无角道赛特、边区莱斯特等杂交选育而成。

【外貌特征】体型外貌特征类似于萨福克羊，体格大，肉用体型好，生长快，瘦肉率高，但全身均呈白色，被毛品质较黑头萨福克佳（图 2－2）。

图 2－2　白萨福克公羊

【生产性能】我国甘肃等地已引入白萨福克羊。据观察，初生羔羊、3 月龄及 6 月龄体重可达 4.90 千克、31.35 千克、49.47 千克。0～3 月龄和 3～6 月龄日增重分别可达 384.12 克、

201.33 克。初生重较萨福克羊略低，但断奶后生长速度比黑头萨福克羊快，杂交改良效果也比萨福克羊略好。

3. 无角道赛特羊

【原产地】原产于澳大利亚和新西兰，继承了有角道赛特羊性成熟早、生长发育快、全年发情、耐热及适应干燥气候条件的优良特性，在注重羊毛生产及适应性要求的大洋洲很受欢迎，是肥羔生产的主要父本。我国西北等多地已引进，适应性和杂交效果良好。

【外貌特征】体格中等，无角，头部两眼连线以前区域无毛，耳中度大且向两侧平伸，颈部发育良好，胸宽深，背腰宽平，四肢健壮，后躯丰满，肉用体型好（图 2－3）。

图 2－3　无角道赛特母羊群

【生产性能】成年公羊体重 80～120 千克。成年母羊体重 65～75 千克，剪毛量 2.25～4.0 千克。羔羊初生重、3 月龄及 6 月龄重分别可达 3.95 千克、33.24 千克、48.79 千克。断奶前增重速度较快。羊毛细度 27.0～33.0 微米（46～58 支），毛长 6～10 厘米。产羔率在 110%～130%，是为数不多的可常年繁殖的引进肉羊品种之一。

4. 夏洛莱羊

【原产地】原产于法国，耐粗饲，耐干旱、潮湿、寒冷等各种恶劣气候条件，主要用作肥羔生产的终端父本。我国 1987 年引入，在东北地区适应性和杂交改良效果良好，但杂交后代有杂毛。

【外貌特征】体型大，公母羊均无角，体形呈圆筒状，被毛细短，脸部呈粉红色或灰色，头粗短，耳平伸，颈部粗壮，体躯肌肉丰满，瘦肉多，肉质好。

【生产性能】成年公羊体重 110 ~ 140 千克，成年母羊体重 80 ~ 100 千克，剪毛量 3.0 ~ 3.5 千克。羔羊初生重较大，6 月龄公、母羔羊体重分别在 48 ~ 53 千克、38 ~ 43 千克，但同期增重速度比不上萨福克羊和道赛特羊。羊毛细度 30 ~ 31 微米（56 ~ 60 支），毛长 6.5 ~ 7.5 厘米。属季节性发情，产羔率在 135% ~ 190%，发情时间集中在 9—10 月。

5. 德国肉用美利奴羊

【原产地】产于德国萨克森州农区，属肉毛兼用型品种，主要特点是早熟、羔羊生长发育快、产肉量高、繁殖力强以及被毛品质好，对干旱气候条件及各种饲养管理条件都能很好地适应，可作为集约化肥羔生产的母本。

【外貌特征】全身被毛白色，体格大，公、母羊均无角，颈部无皱褶，胸深宽，背腰平直，肌肉丰满，后躯发育良好（图 2 - 4）。

【生产性能】成年公羊体重 120 ~ 140 千克，成年母羊体重 70 ~ 80 千克。羔羊生长发育快，0 ~ 3 月龄及 3 ~ 6 月龄平均日增重分别为 264 克、223 克。杂交改良效果好，德国美利奴与小尾寒羊的杂种羔羊 3 月龄和 6 月龄体重较道赛特与小尾寒羊和萨福克与小尾寒羊的杂种羔羊分别高 9.5% ~ 19.92%、18.25% ~ 24.89%。德国美利奴与小尾寒羊的子一代经产母羊的产羔率高达 201%。成年公羊剪毛量 7 ~ 10 千克，成年母羊剪毛量 4 ~ 5 千克，羊毛细度 24 ~ 30 微米。繁殖没有季节性，常年

图 2-4 德国肉用美利奴公羊

发情，可两年三产，产羔率150% ~250%。

6. 南非肉用美利奴羊

【原产地】是南非从引进的德国肉用美利奴羊选育成的新品种，耐粗饲，耐干旱和炎热环境。我国从澳大利亚等国引入该品种，杂交改良效果明显。

【外貌特征】该羊属于肉毛兼用型品种，公、母羊均无角，体大而宽深，胸部开阔，臀部宽广，腿部粗壮而坚实（图 2-5）。

图 2-5 南非肉用美利奴母羔羊

【生产性能】成年公羊体重 100 ~ 110 千克，成年母羊 70 ~ 80 千克。在放牧条件下，100 日龄羔羊活重平均 35 千克。在舍饲或营养充足条件下，100 日龄公羔羊活重可达 56 千克。在羔羊舍饲育肥阶段，饲料转化率可达3.91：1。母羊性情温驯，母性好，泌乳量高，最高日泌乳量达到4.8升，正常情况下可哺乳2～3只羔羊。南非肉用美利奴羊与小尾寒羊杂交，100日龄断奶重可达36.00千克，平均日增重达335克。羊毛平均细度21～23微米（64支），成年公羊剪毛量为4.5～6千克，成年母羊4～4.5千克。产羔率可达150%～250%。四季发情，可常年繁殖。

7. 特克赛尔羊

【原产地】产于荷兰的特克赛尔岛，已引入到我国北京、黑龙江、新疆维吾尔自治区、宁夏回族自治区、陕西和山东等地。

【外貌特征】体格大，肉用体型好，头短宽，白脸黑鼻，耳短平，头部和四肢无毛，背腰宽平，肌肉丰满，四肢坚实，蹄呈黑色（图2－6）。

图2－6　特克赛尔后备母羊

【生产性能】成年公羊体重90～140千克，成年母羊体重65～90千克。肌肉发育良好，瘦肉率高，胴体品质好，屠宰率54%～60%。此外，还有母性好、饲料转化率高、耐粗饲、适应各种气候条件等优点，现已成为欧洲各国主要的终端父本之一。在英国，几乎已与萨福克羊平分天下。特克赛尔羊初生羔羊重可达5.10千克，70日龄内日增重300克，4月龄断奶重40

千克，6～7月龄50～60千克。成年羊剪毛量为4.5～5.0千克，羊毛细度23.0～27.0微米（48～50支），无杂色毛。可常年发情，两年三产，产羔率150%～190%。

8. 杜泊羊

【原产地】原产于南非，分黑头杜泊羊和白头杜泊羊两型，但遗传背景和生产性能均相似。杜泊羊生长速度快，适应性好，耐粗饲，容易管理，羊肉品质佳。板皮畅销国际市场，肉被誉为“钻石级”绵羊肉。杜泊羊适应性强，抗寒耐热，抗病力强，容易饲养管理，对炎热、干燥的气候条件能很好适应。我国2002年由南非和澳大利亚引入，是生产肥羔肉的理想终端父本。

【外貌特征】体形呈圆桶状，公、母羊无角，头呈三角形，眼距较宽，口鼻紧凑，下颌强健有力，耳长略垂。颈部中等长，肌肉丰满。肩胛宽平，胸骨中度前突。体躯长、深、宽，肩胛后略凹，其后背腰平直。臀部长宽，肌肉发达。四肢粗壮，蹄质坚实。体躯被毛均为白色（图2－7）。

图2－7　杜泊羊

【生产性能】成年公羊体重93～118千克，成年母羊体重70～95千克。羔羊初生重不大，但生长快，3.5～4月龄可达36千克。3月龄前增重和特克赛尔羔羊持平，但3～6月龄增重高于特克赛尔羊。杜泊羊杂交后代表现出明显的杂种优势，断奶前平均日增重达 318 克，超过萨福克羊杂种。剪毛量 1.5 ~ 2.1 千克，被毛较短（4 ~ 7 厘米），羊毛细度为 33.0 ~ 34.1 微米（60 ~ 64 支）。在集约养殖条件下，产羔率为 100%。在良好饲养管理条件下，可两年三产，产羔率 150%。

9. 东佛里生羊

【原产地】原产于荷兰和德国，是目前世界最著名的乳肉兼用型绵羊品种。该品种对炎热环境适应性较差，但对温带气候条件适应性良好，适宜在我国中原农区推广应用。我国北京等地已引入。

【外貌特征】体格大，肉用体型良好，公、母羊都无角，鼻部粉红色，蹄部灰色，全身被毛白色，头、四肢下部及尾部均无毛。

【生产性能】成年公羊体重 100 ~ 125 千克，成年母羊 85 ~ 95 千克。泌乳量高，在 210 ~ 230 天的泌乳期内，总泌乳量为 500 ~ 600 升，乳脂率为 5.5% ~ 9%，乳蛋白率 5% ~ 7.5%。羔羊生长速度快，瘦肉率高。母羊同时哺乳 2 ~ 3 羔的情况下，羔羊哺乳期日增重可达 250 克以上，最高可达 330 克。国外研究表明，在相同的饲养管理条件下，东佛里生羊杂种后代的初生重、60 日龄及 140 日龄重都显著高于道赛特羊的后代。所产羊毛为优质地毯毛，剪毛量为 4 ~ 5 千克，毛长 12 ~ 14 厘米，羊毛细度 35 ~ 37 微米。繁殖力强，母羊常年发情，产羔率高，平均产羔率 280%。该品种已被广泛应用于低繁殖力品种的改良、经济杂交以及乳用绵羊育种。

10. 芬兰兰德瑞斯羊

【原产地】属于芬兰北方短脂尾羊，是肉、毛、皮兼用型绵羊，以多胎多产、性成熟早、羔羊生长快、产毛量高、毛品质优良著称，对炎热和寒冷气候条件适应性较好。

【外貌特征】体格较大，体长中等，胸深但不宽，背腰平直，毛色多为白色，也有黑色、黑白斑等其他杂色。

【生产性能】公羊体重68～90千克，母羊55～86千克。羔羊生长快，在正常饲养管理条件下，5月龄羔羊体重32～35千克。瘦肉率高，肉质鲜嫩多汁，风味好。羊毛光亮柔软，成年母羊剪毛量1.8～3.6千克，羊毛细度23.5～31.0微米（50～60支），毛长7.5～15厘米。性成熟早，公羊在4～8月龄性成熟，母羊12月龄就可配种。可常年繁殖，多生3羔或4羔，最高纪录是8羔。母羊母性好，泌乳量高。

（二）地方綿羊品种

1. 小尾寒羊

【产地与分布】分布于山东西南部，河南新乡、濮阳和开封地区，河北南部和东部等地，属肉裘兼用品种，以四季发情、繁殖力高、产肉性能较好著称，是我国经济杂交生产肥羔的最佳母本。

【外貌特征】小尾寒羊体质结实，身高腿长，鼻梁隆起，耳大下垂，公羊有螺旋形大角，母羊有小角。公羊前胸较深，背腰平直，短脂尾，尾长在飞节以上。毛色多为白色，少数在头、四肢部有黑褐斑。

【生产性能】生长发育较快，3月龄断奶公、母羊平均体重可达20.45千克、18.99千克，6月龄公、母羊体重分别为34～44千克、32.32千克，成年公、母羊分别为94千克、48.7千克。每年剪毛2次，公、母羊年均剪毛量分别为3.5千克和2.1千克。性成熟早，母羊5～6月龄即可发情，公羊7～8月龄可配种。母羊四季发情，可一年两产或两年三产，每胎产2羔以上，最多可产7羔，产羔率平均为270%。

2. 大尾寒羊

【产地与分布】分布于河北南部、山东西南以及河南郏县等地，属肉、脂兼用品种，具有常年发情、多胎多产、产肉性能和羊毛品质较好等特点。

【外貌特征】体质结实，头中等大，两耳较大且略垂，鼻梁隆起，公羊有螺旋形大角，母羊大多有角，颈中等长，颈肩结合良好，胸骨前突，肋骨较开张，背腰平直，尻部宽而倾斜，四肢较高，肢势端正，脂尾硕大、长垂及地。

【生产性能】成年公羊脂尾重15～20千克，母羊脂尾重4～6千克。成年公羊、母羊体重分别为74.43千克、51.84千克，周岁公、母羊为53.95千克、44.70千克。多数羊全身皆白，生产优质的“寒羊毛”。被毛异质，但无髓毛和两型毛占98%左右。成年公、母羊年污毛产量分别为4.28千克、2.26千克。大尾寒羊性成熟早，母羊在5～6月龄初情，6～7月龄初配，可四季发情，一般三年五产，每胎产1～3羔，平均产羔率205%。

3. 湖羊

【产地与分布】产于太湖流域，分布在浙江省和江苏省的部分县及上海市郊。该品种以生产优质羔皮驰名中外，具有性成熟早、全年发情、多胎多产、生长发育较快的特点，可作为经济杂交母本。

【外貌特征】头形狭长，鼻梁隆起，眼大突出，耳大下垂，公、母羊均无角，颈细长，胸部狭窄，背平直，躯干和四肢细长，体质纤细。

【生产性能】羔羊平均体重3.3千克，3月龄、6月龄羔羊平均体重为21.99千克、33.76千克。成年公、母羊平均体重分别为52.0千克、39.0千克。公、母羊剪毛量分别为2.0千克、1.2千克。羔羊生后1～2天内屠宰取羔皮称为“小湖羊皮”，皮板轻薄，毛色洁白光亮如丝，有波浪形美丽图案，在国际市场上享有盛誉，为传统出口商品。湖羊繁殖力强，母性好。母羊4～5月龄初情，6月龄初配，公羊在8月龄性成熟。四季发情，可一年两产或两年三产，平均产羔率229%，经产母羊日产奶量2.0千克左右。

4. 洼地绵羊

【产地与分布】主产于鲁北平原黄河三角洲地域的滨州、惠民、沾化、阳信等地，是近年开发出来的优良品种，具有繁殖力高、耐粗饲、耐潮湿、肉皮兼用等特点。

【外貌特征】体质结实，头长宽，公、母羊均无角，鼻梁微隆，耳稍下垂，胸部宽深，肋骨开张良好，背腰平直，四肢较矮，后躯发达，全身被毛白色，属异质毛。

【生产性能】公、母羊初生重分别为3.2千克、2.8千克，周岁体重分别为43.65千克、33.96千克，成年公、母羊体重分别为60.40千克、40.08千克。性成熟早，公羊一般在5～6月龄，母羊在7～8月龄即可初配。四季发情，平均产羔率280.0%。羔羊屠宰率高，肉质鲜美。

二、肉用山羊品种

（一）引进肉用山羊

1. 波尔山羊

【原产地】名称源于荷兰语，意为“农夫”。波尔山羊具有生长快、抗病力强、繁殖率高、屠宰率和饲料报酬高的特点，是世界上唯一经多年生产性能测定、目前最受欢迎的肉用山羊品种。

【外貌特征】体格大，公、母羊均有角，耳大下垂，头颈强健，体躯长、宽、深，前胸及前肢肌肉比较发达，肋部发育良好且完全张开，背部厚实，后臀腿部肌肉丰满，四肢结实有力。体躯被毛为白色，头、耳、颈部毛色为深红至褐红色（图2－8）。

【产肉性能】羔羊初生重为3～4千克。在集约饲养条件下，公羊3月龄、12月龄、18月龄、25月龄重分别可达36.0千克、100千克、116千克、140千克，母羊3月龄、12月龄、18月龄、24月龄重分别可达28千克、63千克、74千克、99千克。舍饲羊日增重在140～170克，可超过200克，最高达400克。

图2－8　放牧中的波尔山羊

【繁殖性能】公、母羊性成熟时间分别为6月龄、10～12月龄。四季发情，多胎多产。母羊排卵数为1～4个，平均1.7个，产羔率可达200%以上，可两年三产。母羊母性好，泌乳量高。在120～140天的泌乳期，羊奶中乳脂率达5.6%，固形物含量15.7%，乳糖含量也高于其他山羊品种，每天实际泌乳量在1.5～2.5千克。肉质好，胴体瘦肉率高，膻味小，多汁鲜嫩。另外，性情温驯，易于饲养管理，对各种环境条件都具有较强的适应性。

2. 努比亚山羊

【原产地】原产于埃及、苏丹及邻近国家，属肉、乳、皮兼用型山羊。欧美各国的努比亚山羊是英国引入非洲努比亚公山羊与本地母山羊杂交培育而成。我国引入的努比亚山羊多来源于美国、英国和澳大利亚等国。努比亚山羊耐热性好，但对寒冷潮湿气候适应性较差。

【外貌特征】外表清秀，具有“贵族”气质。体格较大，公、母羊无须无角，面部轮廓清晰，鼻骨隆起，为典型的“罗马鼻”。耳长宽，紧贴头部下垂。颈部较长，前胸肌肉较丰满。体躯较短，呈圆筒状，尻部较短，四肢较长。毛短细，色较杂，以带白斑的黑色、红色和暗红居多，也有纯白者。在公羊背部和股部常见短粗毛。

【生产性能】羔羊生长快，产肉多。成年公羊平均体重79.38千克，成年母羊61.23千克。性情温驯，泌乳性能好，母羊乳房较大，发育良好，但比瑞士奶山羊的乳房下垂严重。泌乳期一般5~6个月，年产奶量一般较瑞士奶山羊低（300~800千克），盛产期日产奶2~3千克，但乳脂率高（4%~7%）。可一年两产，每产2~3羔。四川省简阳市饲养的努比亚山羊，平均产羔率190%。

3. 卡考山羊

【原产地】是新西兰用野化母山羊与努比亚公山羊、土根堡公山羊、莎能公山羊，经过四代的杂交选育形成的新型肉山羊品种。卡考山羊具有放牧性能好、采食能力强、增重快、繁殖力高、适应性好的特点，现已成美国杂交肉山羊生产的最重要亲本。有报道卡考山羊的窝产子数、断奶窝重、羔羊初生重、羔羊存活率等指标均高于波尔山羊。

【外貌特征】体格中等，公羊体质粗壮，有螺旋形大角，耳大平伸，头粗短，有长须，头顶、背部等处有长粗毛，肋骨开张，四肢坚实，雄性十足。母羊体质丰满，体形呈矩形，有小角，头短小，胸中等宽，背腰平直，母性好，乳房呈圆形，发育良好，可哺育2~3羔。毛色多为白色或乳白色。

【生产性能】产羔数接近波尔山羊，平均1.82只；羔羊初生重较大（平均5.90千克），生命力强。在放牧条件下，可达到其他任何需要补饲精料的肉用山羊能达到的增重速度，6月龄体重可达45千克，成年公羊体重45~68千克。

（二）地方山羊品种

1. 南江黄羊

【产地与分布】主要分布于四川南江县、武宁县等地，具有肉乳生产性能好、繁殖力高、板皮品质佳等特性，是农业部重点推广的肉用山羊品种之一。

【外貌特征】被毛黄色，公、母羊均有角，耳半垂，鼻梁两侧有对称性黄白色条纹，从头顶至尾根有黑色毛带，体质结实，胸部宽深，肋骨开张，背腰平直，四肢粗壮，蹄质坚实。

【生产性能】公、母羔羊初生重均为2.28千克，2月龄断奶重分别为11.5千克、10.7千克。公羔初生至6月龄日增重为85~150克，母羔为60~110克。成年公羊体重为60.56千克，成年母羊41.2千克，屠宰率为47.67%。母羊性成熟早，3月龄初情，四季发情，产羔率200%左右。

2. 马头山羊

【产地与分布】产于湖北省的郧阳、恩施土家族苗族自治州以及湖南省常德市，是生长速度较快、体型较大、肉用性能最好的地方山羊品种之一。1992年被国际小母牛基金会推荐为亚洲首选肉用山羊，也是农业部重点推广的肉用山羊品种。

【外貌特征】体格较大，体质结实，结构匀称，体躯呈长方形。公、母羊均无角，颌下有髯。被毛白色，短而粗。

【生产性能】公、母羔羊初生重分别为2.14千克、2.04千克，断奶体重分别为12.49千克、12.8千克；成年公羊体重为43.81千克，成年母羊33.7千克。羔羊生长发育快，肥育性能好。在放牧和补饲条件下，7月龄羯羔体重可达23千克，胴体重10.5千克，屠宰率52.34%。母羊性成熟早，3~4月龄初情，四季发情，产羔率191.94%~200.33%；母性好，日产奶1~1.5千克。马头山羊中间性羊较多。

3. 成都麻羊

【产地与分布】原产于四川成都平原及其邻近的丘陵和低山地区，具有产肉力强、繁殖率高、板皮优质等特性，是农业部重点推广的肉用山羊品种之一。

【外貌特征】公羊有较大的倒八字形角，母羊有直形小角。体格中等，结构匀称，体形呈长方形，前、后躯肌肉丰满，背腰平直。被毛短，呈棕黄色。

【生产性能】公、母羔羊初生重分别为1.78千克、1.83千克，断奶体重分别为9.96千克、10.07千克；成年公羊体重为43.02千克，母羊32.6千克，屠宰率为52.3%。性成熟较早，母羊初情期为4~5月龄，可全年发情，一年两产，平均产羔率210%，母羊日产奶1~1.2千克。板皮为优质皮革原料，以质地致密、强度大、弹性好闻名。

4. 黄淮山羊

【产地与分布】分布于河南省周口、商丘地区以及毗邻的安徽和江苏部分地区，包括河南槐山羊、安徽白山羊及徐淮白山羊三大类群，具有性成熟早、板皮品质优良、四季发情、多胎多产等特性。

【外貌特征】结构匀称，部分羊有角，头形短窄，面部微凹，下颌有髯，肋骨开张，背腰平直，身体呈圆筒形，前躯较宽，后躯发达，四肢较长。白毛全白者占91.78%左右，其他的为杂色（图2-9）。

【生产性能】公、母羔羊初生重分别为2.6千克、2.5千克，断奶体重分别为7.6千克、6.7千克；成年公羊体重为33.9千克，母羊25.7千克，屠宰率为49.29%。母羊3月龄性成熟，可全年发情，每年两产，平均产羔率为236%。板皮具有致密、韧性大、弹力高、强度大的特点，在国际市场上久负盛名。

图 2-9　黄淮山羊无角母羊群

5. 贵州白山羊

【产地与分布】产于贵州省，具有产肉性能好、繁殖力强、板皮质量好等特性。

【外貌特征】公、母羊有角，胸深，背宽平，体躯呈圆筒形，体长，四肢短小。被毛白色为主，粗而短。

【生产性能】公、母羔羊初生重分别为 1.7 千克、1.6 千克，断奶体重 8.1 千克、7.5 千克；成年公羊体重为 32.8 千克，母羊 30.8 千克。成年羯羊屠宰率为 58%，1 岁羯羊 53.3%。肉质细嫩，肌间脂肪较为丰富，膻味小。板皮拉力强而柔，纤维致密，幅面大。繁殖力强，产羔率达 274%。

6. 陕南白山羊

【产地与分布】产于陕西省南部汉江两岸的安康、商洛、汉中等地，具有产肉性能良、繁殖力高、耐高温和耐高湿的特点。

【外貌特征】头短窄，鼻梁平直，竖耳，公、母羊具有倒“八”字形角，胸部发育良好，背腰长而平直，腹围大而紧凑，四肢粗壮。被毛全白，分短毛型和长毛型两类。

【生产性能】公、母羔羊初生重分别为 1.66 千克、1.54 千克，断奶体重分别为6.8千克、6.12千克；成年公羊体重为32.97千克，母羊27.27千克，屠宰率50.38%。母羊3~4月龄性成熟，全年发情，产羔率为259%。

7. 长江三角洲白山羊

【产地与分布】产于东海之滨的长江三角洲，主要分布在江苏省的南通、苏州、扬州、镇江以及浙江省的嘉兴、杭州、宁波、绍兴和上海市郊县。产肉性能好，繁殖率高，板皮质优，也以生产优质笔料毛著称。

【外貌特征】体格中等偏小，全身被毛白色，鼻梁平直，半垂耳，公、母羊均有角，背腰平直，肌肉丰满。

【生产性能】公、母羔羊初生重分别为1.16千克、1.09千克，断奶体重分别为5.71千克、5.6千克，成年公羊体重为28.58千克，母羊为18.43千克，1岁和2.5岁山羊连皮屠宰率分别为48.7%、51.7%。母羊初情期在4~5月龄，一般两年三产，产羔率为228.5%。

8. 鲁北白山羊

【产地与分布】产于山东北部宾州、德州、聊城、东营等平原地区，属于羔皮、肉兼用型山羊，产肉性能好，板皮优质。

【外貌特征】全身被毛白色，鼻梁平直，耳竖立，颌下有须。有角羊占59%，无角羊占41%。约80%羊颈部有肉垂，体格大，胸部宽深，背腰平直，蹄质结实。

【生产性能】公、母羊初生重分别为1.93千克、1.73千克，断奶重分别为10.15千克、9.97千克，成年公羊体重为41.07千克，母羊为31.68千克。母羊3~4月龄初情，4~5月龄为初配期。母羊一年四季均可发情，经产母羊产羔率为232%。

第二节　杂交亲本的选择

一、杂交优势

杂交优势是指杂种后代在生活力、生长发育和生产性能等方面的表现优于亲本纯繁群体。如某良种羊群体平均体重为40千克，本地羊群体平均体重为30千克，杂交后产生的杂种平均体重为36千克，这就表现出了优势。目前，已在肉羊、肉牛、肉鸡和肉猪的生产中广泛应用，是畜牧业生产中一项重要的增产技术。

二、杂交亲本的选择标准

杂种后代的表现取决于亲本的优劣。一般来说，性状优良的亲本才能产生性状优良的杂种后代。因此，正确选择亲本是杂交成败的关键。

杂交亲本包括母本和父本。对于母本，应选择在本地区数量多、适应性好、繁殖性能好、泌乳力强、母性好的品种作为母本，母性的强弱关系到杂种羊的成活和发育，影响杂种优势的表现。在不影响生长速度的前提下，不一定要求母本的体格很大，如小尾寒羊、湖羊及南江黄羊等都是较适宜的杂交母本。对于父本，则选择生长速度快、饲料转化率高、胴体品质好的品种，如萨福克羊、无角道赛特羊、夏洛莱羊、杜泊羊、特克赛尔羊及波尔山羊等都是经过精心培育的专门化品种，遗传性能稳定，可将优良特性稳定地遗传给杂种后代，若进行三元杂交，第一父本不仅要生长快，还要繁殖率高；选择第二父本时主要考虑生长快、产肉力强。

第三节　杂交模式与杂交组合的确定

杂交可以将不同品种的特性结合在一起，创造出亲代原本不具备的表型特征，并且还能提高后代的生活力。因此杂交在养羊生产上被广泛用来改良低产品种、创造新品种，是最有效地提高羊群整体水平的方法。杂交方法主要有级进杂交、育成杂交、导入杂交和经济杂交等。

一、肉羊主要杂交方法

（一）级进杂交

级进杂交是以两个品种杂交，即以改良品种公羊连续同被改良品种母羊及各代杂种母羊交配。当一个品种生产性能很低，又无特殊经济价值，需要从根本上改良时，可用另一改良品种与其进行级进杂交。以国外一些优质肉羊品种如杜泊羊对当地土种羊小尾寒羊级进杂交为例，级进杂交模式如图 2－10。

小尾寒羊♀×杜泊羊♂
→杜寒一代♀×杜泊羊♂
→杜寒二代♀×杜泊羊♂
→杜寒三代♀×杜泊羊♂
→……

图 2－10　级进杂交模式图

在级进杂交时，需要在杂交后代中创造性地应用和保留被改良品种的一些特性，如适应性、高繁殖力等具有特殊经济价值的性状，因此应根据杂交后代的具体表现和杂交效果、当地生态环境和生产技术条件等来确定级进杂交的代数。一般认为，如果用引入品种级进杂交改良当地品种时，杂交代数以 2～3 代为宜，这样所获得的后代杂交优势最大，既具有引入品种的优良生产性能，又具有当地品种的良好适应性。若级进杂交代数过高，会使后代的杂交优势下降，失去当地品种的适应能力。

（二）育成杂交

当原品种不能满足需要时，则利用两个或两个以上的品种进行杂交，最终育成一个新品种。用两个品种杂交育成新品种称为简单育成杂交，用三个或三个以上品种杂交育成新品种称为复杂育成杂交。在复杂育成杂交中，各品种在育成新品种时的作用并不相等，其所占比重和作用有主次之分，这要根据在杂交过程中杂种后代的具体表现而定。应用育成杂交创造新品种时一般要经历以下 3 个阶段。

（1）杂交改良阶段。这一阶段的主要任务是以培育新品种为目标，选择参与育种的品种和个体，较大规模地开展杂交，以便获得大量的优良杂种个体。在培育新品种的杂交阶段，选择较好的基础母羊，能加快杂交进程。

（2）横交固定阶段（自群繁育阶段）。这一阶段的主要任务是选择理想型杂种公、母羊互交，固定杂种羊的理想特性。横交初期，后代性状分离比较大，需严格选择。凡不符合育种要求的个体，则应归到杂交改良群里继续用纯种公羊配种。有严重缺陷的个体，则应淘汰出育种群。在横交固定阶段，为了尽快固定杂种优良特性，可以采用一定程度的亲缘交配。横交固定时间的长短，应根据育种方向、横交后代的数量和质量而定。

（3）发展提高阶段。杂种羊经横交固定阶段后，遗传性比较稳定，并已形成独特的品种类型，只是在数量、产品品质和品种结构上还不完全符合品种标准，此阶段可根据具体情况组织品系繁育，以丰富品种结构，并通过品系间杂交和不断组建新品系来提高品种的整体水平。

（三）导入杂交

当一个品种基本上符合生产需要，但还存在个别缺点、用纯种繁育不易克服时，或者是用纯种繁育难以提高品种质量时，可采用导入杂交的方法。

导入杂交的模式是：用所选择的导入品种的公羊配原品种

母羊，所产杂种一代母羊与原品种公羊交配，一代公羊的优秀者也可配原品种母羊，所得含有 1/4 导入品种血统的第二代，就可进行横交固定；或者用第二代的公羊、母羊与原品种继续交配，获得含外血 1/8 的杂种个体，再进行横交固定。因此，导入杂交的结果在原品种中外血含量为 1/4 或 1/8。

导入杂交时，要求所用导入品种必须与被导品种是同一生产方向。如我国某些绵、山羊有尖斜尻及后躯发育差的缺点，可采用导入杂交法，供其迅速纠正而提高产肉性能。澳大利亚在澳洲美利奴羊中导入 1/4 林肯羊血液，育成了著名的波尔华斯品种绵羊。

（四）经济杂交

经济杂交是两个或两个以上的品种进行杂交，产生的杂种后代供商品用，而不作种用。它是利用不同品种杂交，以获得第一代杂种。杂种羊具有生活力强、生长发育快、饲料转化率高、产品率高等特点，多用于肉羊的生产，尤其是肥羔生产。但杂种优势并不是在所有品种之间都存在，要通过不同品种杂交组合试验来发现最佳组合。生产中已取得结果表明，每只配种母羊的断奶羔羊在体重方面，二品种杂交的杂种优势比纯种高 13%；三品种杂交超过纯种 38%，超过二品种的 25%；四品种杂交的优势又超过三品种的 18%。所以，在商品肥羔生产中，组织三品种或四品种的杂交更有利于提高经营效果。

二、杂种优势的利用

杂种优势是指不同的种群（品种、品系或其他种用类群）杂交所产生的杂种，往往在生活力、生长势和生产性能等方面，表现出一定程度上优于其亲本群体的现象。杂种优势多在经济杂交中产生，理论上是由于非加性基因作用的结果，包括显性、不完全显性、超显性、上位以及双因子杂交遗传等因素。但是，绵羊的所有经济性状并不是以同样程度受杂种优势的影响。

（一）杂种优势在生产中的利用

不同杂交组合的杂种优势率不同，不同性状表现的杂种优势也有差异。因此，在利用肉羊的杂种优势时，最好通过杂交组合筛选和配合力测定。利用杜泊羊与小尾寒羊杂交，杜寒杂交组合的生长速度快。其中平均日增重的优势率比双亲提高 10.29%。

（二）杂交效果分析

近十年来，国内无论科研还是生产上，应用最多的是二元杂交。作父本用最多的品种是无角道赛特羊和杜泊羊，用作母本最多的品种是小尾寒羊，杂交效果最好的组合是萨福克羊与小尾寒羊，平均日增重达到了 376 克，其次是无角道赛特羊与小尾寒羊杂交 312 克，以及杜泊羊绵羊与小尾寒羊杂交一代（公母羔）平均 306 克。

（三）杂交羊育肥效果

利用杂交羊育肥，在舍饲和补饲条件下，杂种优势表现明显。在所报道的资料中大都表现其生长速度快、饲料报酬提高、适应性较强、屠宰率和出肉率高等特点。只有极少数在生态环境恶劣，又完全依靠放牧的条件下，杂种优势表现不明显，或不表现杂种优势。

无角道赛特公羊与小尾寒羊杂交，道寒一代羊全部舍饲，精饲料由玉米 50%、麸皮 30%、豆粕 20% 组成，日喂量 0.5～0.7 千克。粗饲料自由采食，有草粉、花生秧、青贮玉米秸等。试验结果表明，道寒杂一代公羔 6 月龄 40.44 千克，母羔 35.22 千克。选择公羔测定：屠前体重 44.41 千克，胴体重 24.2 千克，屠宰率 54.49%，胴体净肉率 79.11%。

萨福克羊和无角道赛特羊与小尾寒羊杂交，选萨寒、道寒和小尾寒羊各15只，于2月龄断奶并开始试验，日粮组成：玉米65%、麸皮20%、黑豆8%、菜籽饼5%、石粉1%、食盐0.5%、生长素0.5%。经50天试验，平均日增重萨寒375.6克、道寒366克、小尾寒羊316克，萨寒和道寒分别比小尾寒羊提高增重18.86%和15.82%，杂种优势明显。

利用杜泊绵羊公羊与小尾寒羊母羊杂交，喂给全颗粒饲料；平均日增重达到306克，饲料报酬4.25∶1，分别比小尾寒羊提高20%和21.17%。此外，杜寒杂交一代在山东地区尤其是在鲁西北农村表现特别耐粗饲，对低品质秸秆和牧草有较高的利用率，不仅肉的品质有较大改善，而且皮革质量也有较大提高。

第四节　肉羊的选种选育

一、肉羊的主要经济性状

肉用羊是以生产羊肉为主要用途的绵羊或山羊，一般应具备适应性好、繁殖力强、生长速度快、胴体品质优良等特征，这些性状也是现代肉羊育种最关键的目标。

（一）适应性

适应性是肉羊最重要的经济性状之一。如果适应性不好，存活率低，则生产性能、繁殖能力和经济效益都不可能提高。山羊几乎可适应一切环境，其适应性是所有家畜中最好的。相对而言，绵羊较山羊的生态适应幅度狭窄，但同样存在品种间差异。适应性属于低遗传力性状，本品种选择的遗传进展很慢，可通过杂交育种迅速改善肉羊的适应性。

（二）繁殖性能

繁殖性状包括受胎率、产羔率、四季繁殖能力等，是对肉羊生产效率贡献最大的性状。在肉羊育种中，除产羔率外，还应将产羔间隔、四季繁殖特性、断奶窝重、断奶成活率等指标纳入育种计划。可用母羊繁殖指数（DRI）来衡量母羊群体繁殖能力，计算公式如下：

$$母羊繁殖指数（DRI）=（窝产羔数\times羔羊存活数\times初生重）\times\frac{365}{产羔间隔}$$

该指标集合了母羊产羔率、产羔间隔、羔羊初生重以及存活率等信息，反映单位母羊每年产羔贡献力，可进行不同品种繁殖力强弱性的比较。

（三）生长速度

肉羊的生长速度可分为断奶前平均日增重和断奶后平均日增重。如果计划生产肥羔，则断奶前日增重最为重要。如要生产料羔或在周岁及成年时出栏，则断奶后生长速度也十分重要。可将繁殖性状和断奶前生长速度等综合成母羊生产指数（DPI）和效率指数（DEI）：

$$生产指数（DPI）=受胎率\times窝产仔数\times断奶成活率\times\frac{365}{产羔间隔}（初生重+断奶前日增重\times断奶月龄）$$

$$效率指数（DEI）=\frac{生产指数}{成年母羊体重^{3/4}}$$

可用生产指数度量各品种的群体肉用生产力。体重大的母羊生的羔羊一般也比较大，但体重大的母羊用于维持和繁殖的营养需求也较小个母羊的高。因此，还可计算效率指数，用于反映母羊成熟体重变异。

（四）胴体品质

胴体品质包括屠宰率、瘦肉率、优质肉块比例等。肉羊的屠宰率一般在 50% 左右。随着羊生长，脂肪比例会逐渐增加，骨头比例逐渐减小，而瘦肉比例几乎维持不变。从百分比看，肌肉最多的是腿、肩部，但这些部位的比例会随着肉羊的生长会逐渐减小。

二、肉羊品种选择

（一）各品种肉羊生产力评价与比较

肉羊品种的科学评价对合理利用遗传资源及培育新品种都十分重要。利用相关文献中的数据，计算各品种母羊繁殖指数和生产指数，对若干引进羊品种及地方品种资源进行初步评价。为便于比较，设置“标准型肉用山羊”和“理想型肉用绵羊”。“标准肉用山羊”参数是以波尔山羊为基础设定，其定义为：每产2羔，年产3羔，两年三产，初生重3.63千克，断奶前平均日增重170克。

（二）品种选择

在南方多数地区宜养殖肉用山羊，北方应以生产力高的绵羊为主，兼顾山羊。具体来说，在中原肉羊优势生产区域，小尾寒羊、洼地绵羊、湖羊、黄淮山羊、长江三角洲山羊等可为母本，公羊可选杜泊羊、萨福克羊、德国或南非肉用美利奴羊、东佛里生羊、波尔山羊、马头山羊、努比亚山羊等。西南肉羊优势区内盛产繁殖力强、肉用性能良好的黑山羊，金堂黑山羊、乐至黑山羊、大足黑山羊、简阳大耳羊、成都麻羊、南江黄羊、贵州白山羊等都是优良的母本，公羊可选波尔山羊、努比亚山羊等。在中东部农牧交错带肉羊优势生产区域，应选夏洛莱羊、道赛特羊等，与地方良种绵羊杂交。在西北肉羊优势生产区域，宜饲养道赛特羊、萨福克羊、白头萨福克羊等品种羊，改良本地低产绵羊。

三、肉羊新品种培育

我国至今尚未培育出高水平的专门化肉羊品种。因此，应根据肉羊区划，积极推进良种培育。在中原优势肉羊产区，宜以肉用绵羊育种为主。可利用小尾寒羊、湖羊、东佛里生羊及若干中毛品种肉羊培育出综合肉羊品种。也可借鉴阿尔科特羊配套系育种经验，以小尾寒羊、湖羊为基础，适度引入东佛里生羊的血液，培育出比小尾寒羊、湖羊更优良的多胎多产母本品种。在西南优势肉羊产区，应加强黑山羊的利用，可应用努比亚山羊和波尔山羊，培育出肉用性能胜过南江黄羊和接近波尔山羊的新型肉用山羊品种。在中东部农牧交错带肉羊优势生产区域和西北肉羊优势生产区域，可利用分子标记技术，将小尾寒羊和湖羊的多胎基因导入当地绵羊群体，培育出适宜当地自然生态条件的高繁殖力母本绵羊。

第三章　肉羊的繁殖

第一节　肉羊的繁殖规律

一、肉羊繁殖的生理基础

羊的繁殖是指公羊与母羊通过交配、精卵细胞结合，使母羊怀孕，最后分娩产生新的一代的过程。羊的繁殖是养羊业生产中的一个最关键的环节。因为只有通过羊繁殖过程，才能增加羊群数量，进行扩大化再生产，并通过发挥优良种羊的作用，来不断提高羊群的质量，实现更大的经济效益。掌握肉羊的繁殖规律，是进一步应用繁殖技术，充分发挥肉羊的繁殖潜力，提高其生产性能的重要前提条件。

（一）发情和排卵

1. 初情期

母羊生长发育到一定年龄时，开始表现发情和排卵，为母羊的发情期，是性成熟的初期阶段。初情期以前，母羊的生殖道和卵巢增长较慢，不表现性活动。初情期以后，随着第一次发情和排卵，生殖器官的大小和重量迅速增长，性机能也随之发育。大多数肉羊品种 3 月龄左右时，公羔就追逐母羔，有爬跨动作，而母羔在此阶段也开始现周期不正常的发情和排卵。初情期与品种、气候、营养因素有密切关系。营养良好的母羊体重增长很快，生殖器官生长发育正常，因此初情期表现较早，营养不良则使初情期延迟。

2. 性成熟与初配年龄

性成熟是指性器官已发育完全，具有产生繁殖能力的生殖细胞和性激素。性成熟时，公羊产生精子，母羊产生成熟的卵子，如果此时将公、母羊相互交配，即能受胎，但身体的其他系统的生长发育还未完成，故性成熟初期的母羊一般不宜配种。肉羊生长到6月龄左右才达到性成熟。一般母羊体重达到成年羊的80%左右时，就可以进行第1次配种。初配年龄也受品种和管理条件的制约，如果草场和饲养条件较差的地区，初次配种年龄可以适当地推迟。肉羊是早熟品种，饲养管理条件好的地区，可以提前到8～10月龄配种。

3. 发情与排卵

发情为母羊性成熟以后所表现出的一种具有周期性变化的生理现象。羊的发情行为表现及生殖器官的一系列变化是直观可见的，因此是发情鉴定的主要依据。

（1）性欲和性兴奋。性欲是母羊愿意接受公羊交配的一种行为。在发情初期，母羊性欲表现不明显，以后逐渐显著。排卵以后，性欲逐渐减弱，到性欲完全消失后，母羊则又拒绝公羊接近或爬跨。

母羊发情时，表现兴奋不安、鸣叫、食欲减退、反刍和采食时间明显减少。不拒绝公羊接近或爬跨，或者主动接近公羊的爬跨交配，甚至母羊间出现相互爬跨的现象。

（2）生殖道发生变化。外阴部充血肿大，柔软而松弛，阴道黏膜充血发红，由苍白色变为鲜红色，上皮细胞增生，前庭腺体分泌物增多，因此阴道间断地排出鸡蛋清样的黏液，初期稀薄，后期变得浑浊黏稠。子宫颈开放，子宫蠕动加强，输卵管的蠕动、分泌和上皮纤毛的波动也增加。

（3）卵泡发育和排卵。发情时，卵巢上有卵泡发育成熟，卵泡破裂后，卵子排出。肉羊自然情况下排卵 1 ~ 2 枚，但多胎品种如湖羊、小尾寒羊等可能一次会排 1 ~ 5 枚不等。

（4）发情持续期。发情持续期是指母羊每次发情的持续时间，即从开始出现发情现象到发情现象消失为止的一段时间。肉羊的发情持续期为 16 ~ 36 小时。母羊的发情持续期与品种、个体、年龄和配种季节等有密切的关系。羔羊初情期发情持续期最短，成年羊最长，繁殖季节初期发情持续期较短、中期最长。

（5）发情周期。母羊在发情期内，若未经配种，或配种但未受孕，经过一定时间就会出现再次发情。从上次发情开始到下次发情开始的时间间隔，称为发情周期。肉羊的发情周期为 14 ~ 17 天。发情周期同样受个体、饲养管理条件等因素影响。

（6）产后发情。母羊分娩后的第 1 次发情称为产后发情。一般季节性繁殖的绵羊、山羊品种，产后只有到了发情季节如春季或秋季才能发情，我国一些地方绵羊品种如小尾寒羊、湖羊等四季均可发情，这对于在生产上组织密集产羔非常重要。

（二）妊娠期

绵羊、山羊从开始怀孕到分娩，这一时期称为怀孕期或妊娠期。肉羊妊娠期为 142 ~ 150 天。怀孕期的长短，因品种、多胎性、营养状况等的不同而略有差异。早熟品种多半是在饲料比较丰富的条件下育成的，怀孕期较短，平均为 145 天左右；晚熟品种多在放牧条件下育成的，怀孕期较长，平均为 149 天左右。若干的绵羊、山羊品种平均怀孕期如表 3 – 1 所示。

表 3 – 1　几种绵羊、山羊品种发情周期

羊品种	萨福克羊	无角道赛特羊	波德代羊	小尾寒羊	马头山羊	建昌黑山羊	波尔山羊	南江黄羊
发情周期/天	147	146.72	145.62	148.29	149.68	149.13	148.2	147.94

二、肉羊养殖的配种技术

（一）肉羊繁殖季节

母羊大量正常发情的季节称为羊的繁殖季节。绵羊属于短日照型繁殖动物，繁殖季节一般开始于日照开始由长变短时，结束于日照开始由短变长时。但光照并不是控制繁殖季节的唯一因素，温度、湿度、营养、管理等对繁殖季节也有一定的影响。

1. 配种季节的选择

对于能四季发情的肉羊品种，只要配种在任何季节都能繁殖。但选择配种时间首先应有利于羔羊的成活、生长发育和母羊的健康，还要根据所在地区的气候和生产技术条件来决定。如果只产冬羔，一般 7—9 月配种，12 月至翌年 1—2 月产羔；如果产春羔，一般 10—12 月配种，翌年 3—5 月产羔。随着集约化生产条件和生产技术的不断提高，产羔时间可以根据生产计划来安排配种时间，而不受季节限制。对肉羊而言，一般可安排一年两产或两年三产。一年两产的母羊可在 4 月配种，当年 9 月产羔；第二产于 10 月配种，翌年 3 月产羔。两年三产的母羊，第一年的 5 月配种，10 月产羔；翌年 1 月配种，6 月产羔；再于翌年 9 月配种，第三年的 2 月产羔。如果进行胚胎移植生产，用一些国外优良品种如波德代羊、杜泊羊、萨福克羊、特克赛尔羊等作供体，最好安排母羊产羔 40 天以后配种。

2. 母羊适宜的配种时间

从理论上讲，配种应在排卵前几小时或十几小时进行，才能获得较高的受胎率。但是，由于排卵时间很难准确判断，事实上，一般多根据母羊发情开始的时间和发情征兆的变化来确定配种时间，同时采用人工授精重复配种技术，来提高母羊的受胎率。肉羊配种的最佳时间是发情开始后18～30小时。因这时子宫颈口开张，容易做到子宫颈内输精。通过对肉羊发情时间的观察和配种试验研究，其最佳配种时间可根据阴道流出的黏液来判定发情的早晚，黏液呈透明黏稠状即是发情开始，颜色为白色即到发情中期，如已混浊且呈不透明的黏胶状，即到了发情晚期，是配种输精的最佳时期。但一般母羊发情的开始时间很难判定。根据母羊发情晚期排卵的规律，可以采取早晚两次试情的方法挑选发情母羊。早晨选出的母羊到下午输1次精，第二天早上再重复输1次精；晚上选出的母羊到第二天早上输1次精，下午重复输1次精。

（二）配种技术

肉羊的配种方法有自由交配、人工辅助交配和人工授精三种。

1. 自由交配

把公羊、母羊按一定的比例（1∶30）～（1∶40）混群饲养，公羊可随时与发情母羊自由交配。这是养羊业中最原始的配种方法，该法简单易行，适合小群分散的生产单位。若公羊、母羊比例适当，可获得较高的受胎率。但也存在许多缺点，如无法推测母羊的预产期，因而无法控制产羔时间，羔羊年龄大小不一，给饲养管理带来不便；公羊追逐母羊，无限制地交配，耗费精力，影响羊群抓膘；无法掌握交配情况，后代血统不明，容易造成近亲交配或早配，难以实施选配计划，并为以后的选种带来困难；种公羊利用率低；容易造成各种疾病的交叉感染。

2. 人工辅助交配

人工辅助交配是将公羊、母羊分群隔离饲养或放牧，在配种期内用试情公羊试情，把挑选出来的发情母羊与指定的公羊交配。这种交配方式不仅可以记载清楚公羊和母羊的耳号、交配日期，而且能够预测分娩期、节省公羊精力、增加受配母羊头数。但种公羊的利用率也比较低，优秀种公羊的作用有限。

3. 人工授精

人工授精是通过人为的方法，将公羊的精液输入母羊的生殖器内，使卵子受精以产生后代。用种公羊精液进行人工授精能大大增加与配母羊的数目，特别是冷冻精液的长期保存和推广应用，使精液的利用率显著提高，因此能提高优秀种公羊的利用率；人工授精所使用的精液都经过品质检查，质量优良，通过对母羊发情鉴定，可以掌握适宜的配种时机，减少空怀不孕率，提高母羊的受胎率；由于人工授精技术极大地提高了种公羊的配种能力，便于选种，使良种遗传基因的影响显著扩大，大幅度地提高后代的生产性能，加速对地方品种的改良速度；应用人工授精技术以后，只需保留极少数优秀个体，淘汰原有大量种公羊，从而可以节省饲草、饲料及管理费用，降低饲养成本，提高经济效益。人工授精避免了公羊与母羊直接接触，并有严格的技术操作规程，可以防止因交配而感染的疾病的传播。人工授精技术已成为当前我国养羊业中最常用的一项实用生物技术。

第二节　人工授精

一、公羊、母羊的准备

对参加配种的公羊至少在配种前 1 个月左右进行精液品质检查，保证配种工作按计划进行。开始配种以前，每只公羊至少要采精 15 ~ 20 次，开始每天采 1 次，临近配种期隔一天排精 1 次，每次都要进行精液品质检查，采精人员不宜经常更换。

对于参加人工授精的母羊，在配种前和配种期，要加强饲养管理，保证母羊满膘配种，单独组群，防止公羊、母羊混群。

二、试情公羊和台羊的准备

为准确把握母羊的配种时间，在人工授精工作中，必须准备试情公羊，用试情公羊每天从待配母羊群中找出发情母羊，以便及时配种。试情公羊要求体质结实、健康无病、性欲旺盛、生产性能良好，年龄2~5岁。试情时可以使用试情布，也可以对试情公羊进行输精管结扎或阴茎移位等处理。使用试情布时，一定要捆结实，要经常检查是否脱落，以防止偷配现象。

如果使用真台羊，采精前就应选好台羊，台羊的体格应与采精公羊体格的大小相适应，且发情明显。如使用假台羊，提前准备如图3－1所示假台羊。

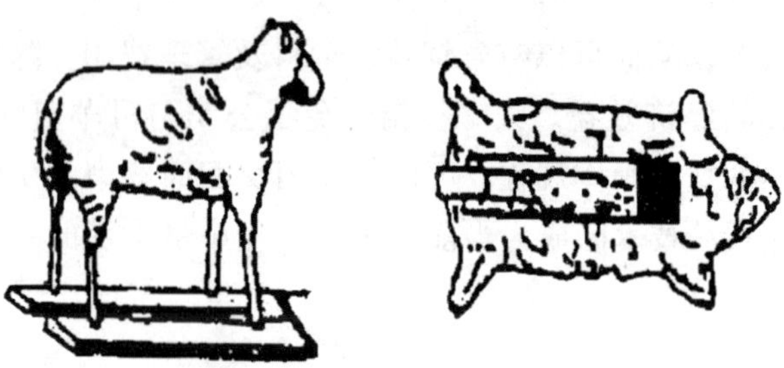

图3－1　假台羊示意图

三、器械的消毒

为避免感染疾病或影响精液品质，从而降低母羊受胎率，人工授精场所和供采精、授精及与精液接触的一切器械都必须经过严格的消毒。人工授精所用的器械、药品必须放在清洁的橱柜内，各种药品及配制的溶液必须贴有标签。

器械的洗涤可用洗衣粉或洗涤剂。用毛刷、试管刷、纱布等刷去残留物，并用蒸馏水反复冲洗，然后用洁净的蒸馏水冲洗2遍，用消毒干净的纱布擦干或自然干燥。在洗刷假阴道内胎和输精器时，一定要除去污垢，先用70%的酒精擦拭，待酒精挥发后，用蒸馏水冲洗2次，再用生理盐水冲洗2次。金属开膣器可先用70%的酒精棉球消毒或用0.1%的高锰酸钾溶液消毒，消毒后放在温（冷）开水中冲洗1次，再放在生理盐水中冲洗1次即可使用，也可用火焰消毒法消毒。

消毒好的器材和消毒药液要按性质、种类分别包装，防止污染并注意保温。

四、常用溶液及酒精棉球的制备

人工授精前，必须提前配好所用溶液，做好酒精棉球。配制生理盐水（0.9%的氯化钠溶液）溶液时，先准确称量9克化学纯氯化钠粉，溶解于1 000毫升的煮沸消毒过的蒸馏水中即可。70%的酒精的配制方法是在74毫升95%的酒精中加入26毫升蒸馏水。制作酒精棉球和生理盐水棉球时，将棉球做成直径2～4厘米大小圆球，放入广口玻璃瓶中，加入适量的70%酒精或生理盐水即可，棉球不宜过湿，盖好，随用随取。

五、采精

（1）假阴道安装。采精前几分钟安装好假阴道（图3－2），先放在开水中浸泡3～5分钟，然后将内胎装入外壳，并使其光面朝内，而且要求两头等长，然后将内胎一端翻套在外壳上，用同样的方法套好另一端，内胎不要出褶，不能扭转，松紧适度，两端分别套上橡皮圈固定。装好后用酒精棉球消毒，再用生理盐水棉球擦洗数次。

从灌水孔向假阴道中注入温水，水温50～55℃，保证采精时假阴道的温度在40～42℃为宜，注水量为150～180毫升，约

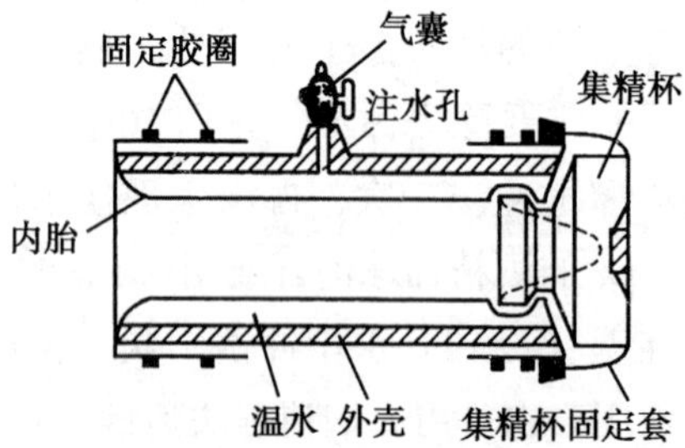

图 3－2　假阴道结构示意图及其安装操作

为外壳与内胎间容量的 1/2～2/3。装上气嘴，关好活塞。用清洁玻棒蘸少许灭菌凡士林均匀涂抹在内胎的前 1/3 处，也可用生理盐水棉球擦洗保持润滑。通过气门活塞吹入气体，使内胎的内表面保持三角形、合拢而不向外鼓。

（2）采精方法。先保定台羊，采精人员右手握假阴道后端，固定好集精杯（瓶），蹲在台羊右后侧，当公羊爬跨时，迅速将阴茎导入假阴道内，保持假阴道与阴茎呈一直线。当公羊用力向前一冲即为射精，此时操作人员应顺着公羊动作移下假阴道，并迅速将其竖起，打开活塞上的气嘴，放出气体，取下集精瓶，盖好后送精液处理室检查。

（3）采精后器械的清理。倒出假阴道内的温水，将假阴道、集精杯等消毒清洗，放好待用。

六、输精

输精是在母羊发情期的适当时间，用输精器械将精液送进母羊生殖道的操作过程。输精技术是影响母羊受胎率的最主要因素之一。

（1）输精的准备工作。输精前应准备好输精器材，主要包括玻璃（或金属）输精器、开膣器、输精细管等。输精器械应用蒸气、75% 酒精或置于高温干燥箱内消毒；开膣器洗净后在消毒液中消毒；输精细密可用酒精消毒。所有器械在使用前均须用稀释液冲洗 2~3 遍。

要输精的母羊均应进行发情鉴定，以确定最适的输精时间。常温或低温保存的精液，需要升温到 35℃左右，并再次镜检精液品质，符合要求才能用于输精。

（2）输精方法。

①鲜精输精方法：母羊发情持续期很短，一般 28 小时左右，所以，当天找出的发情母羊当天就配种 1~2 次。

将母羊外阴部消毒干净，输精员右手持输精器，左手持开膣器，先将开膣器慢慢插入阴道，将待配母羊的阴道扩开，借助光源寻找子宫颈，子宫颈附近黏膜颜色较深，找到子宫颈后，把输精注射器前端插入子宫颈口内 0.5~1.0 厘米深处，注入原精液 0.05~0.1 毫升或稀释精液 0.1~0.2 毫升（图 3-3）。

图 3-3　输精方法操作图

在输精过程中，如果是初配母羊，阴道狭窄，无法用开膣器进行操作时，可进行阴道输精，但要加大输精剂量。如果发现母羊有阴道炎症，必须对输精器进行消毒后才能继续为下一只母羊输精。

②冻精输精方法：

冷冻精液的解冻方法：颗粒冻精的解冻有干解冻和湿解冻两种方法。干解冻法是将一粒精液放入灭菌小试管中，置于60℃水浴中快速融化至1/3颗粒大小时，迅速取出在手心轻轻搓动至全部融化。湿解冻法的操作是在电热杯65～75℃的温度下解冻，先用解冻液冲洗已消毒过的试管，倒掉部分解冻液，将冻精颗粒放入试管内，每次2粒，轻轻摇动直至冻精颗粒溶化至绿豆粒大小时，迅速取出放于手中揉搓，借助手温使全部融化。也可在壁薄口径大的解冻管内加入0.1毫升医用维生素B_{12}（加入量以能润湿管壁为原则），迅速放入2粒冻精后，立即将其放入45～55℃的水浴中轻轻摇动，当冻精颗粒基本融解后，即转入37℃的恒温水浴中，待用。

细管冻精的解冻方法一般在38～42℃温度下解冻。用两步法，先用较热的水待精液融化1/3～1/2时转移至与室温相近的水浴中继续解冻。

安瓿型冷冻精液的解冻可在37℃的水浴中解冻，也可在室温下解冻，待精液全部溶化后，迅速检查其活率。

冷冻精液的输精方法：用冻精解冻后输精，解冻后精子活率要求不低于0.3，安瓿及细管型冻精解冻后精子活率要求0.35以上。输精次数要求2～3次。在确认母羊发情后，即可进行输精，一般一天输精2次，间隔10～12小时，或早晚各1次，需3次输精的可于次日早晨再输精1次。冻精在输卵管活动时间一般是5～6小时，必须把握输精时间，在输精时应注重输精部位和输精次数，采用子宫颈深部输精，深度一般达2.5厘米以上，效果较好，如果借助腹腔镜进行子宫内输精，产羔率会更高。输精后的所有器具及时清洗消毒，放好待用。

第三节　妊娠与分娩

一、肉羊养殖的胚胎移植生产技术

（一）超数排卵技术和同期发情技术

1. 供体羊的准备和超数排卵

（1）供体羊的选择。在优良种羊群中，选择年龄为2.5～6岁、体格健壮、无遗传性、传染性和繁殖性疾病、无空怀史的母羊作供体。对所选择的供体母羊提前进行传染病检疫，进行预防注射和体内外寄生虫的驱虫工作。要注意检出已经妊娠的母羊，产羔母羊必须产羔40天以后才能作供体，原则上不宜选择青年后备母羊作供体，不宜选择6.5岁以上母羊作供体。对选出的供体羊根据胚胎移植每天工作效率的具体情况适当分组，一般以每组10～15只为宜。

（2）供体羊的饲养管理。在饲养管理上，要保持供体羊的适宜体况，根据营养状态调整日粮标准，加强运动，供体羊在采卵前后，应保证良好的饲养条件，在优质牧草的草场放牧，并补充高蛋白、维生素和矿物质饲料，在配种前半个月就开始补饲，并供给清洁的饮水，不能随意改换草料和管理程序，使羊群保持中上等膘情，合理饲喂，精心管理。移植前后几天，对供体母羊最好每天每只补饲1千克左右的混合精料。使用全价或平衡日粮，其中蛋白质含量不低于17%、矿物质含量丰富。

（3）供体羊的超数排卵和配种。

①促卵泡素（FSH）减量处理法：供体母羊阴道内放置CIDR（一种阴道孕酮释放装置）12天（内含孕酮300毫克）。分别在供体羊埋植CIDR的第10天、第11天连续2天注射FSH，每天2次，每次注射1.5毫升，第12天、第13天连续2天注射FSH，每天2次，每次注射1毫升，于撤栓时一次注射PMSG

(孕马血清促性腺激素) 300 国际单位。

撤栓后 12 小时开始用公羊试情，每 12 小时试情 1 次，对发情羊及时进行配种。采用本交或本交加人工授精相结合的方法进行配种，连续配种 3 ~4 次，每次间隔 12 小时。保证供体羊撤栓后 18 ~48 小时内输精 3 次。

②FSH 恒量处理法：供体母羊阴道内放置 CIDR 装置 12 天 (内含孕酮 300 毫克)，于第 10 天开始每天注射 FSH（加拿大产）2.5 毫升，每天 2 次，连续 4 天，并分别于第 10 天、第 12 天注射 PMSG 0.5 毫升和 1.0 毫升，第 2 次注射 PMSG 的同时撤除 CIDR，次日试情配种。

可采用本交加人工授精相结合的方法，即当发现母羊发情时，就进行本交 1 次，间隔 12 小时，再进行人工授精 1 次，如果有必要，还可以进行第三次人工授精。如果配种技术有保证，也可完全采用连续 3 ~4 次人工授精的方法。

2. 受体羊的准备和同期发情

（1）受体羊的选择。根据所选择供体羊的数量，确定受体羊的数量，一般供体羊、受体羊的比例为（1 ：5）~（1 ：7）(本研究中供体、受体比例为 1 ：5)。选择年龄在 2.5 ~6 岁、健康、无传染病和生殖疾病、营养良好、发情周期正常、体格较大的经产当地土种羊或其他品种绵羊作受体。受体羊同样需要进行传染病检疫、预防注射和体内外寄生虫的驱虫工作。

（2）受体羊的饲养管理。受体羊的饲养管理也十分重要，保证受体羊在胚胎移植前后，体重处于增加状态，有利于提高胚胎移植成功率。要提前对所选择的受体羊加强饲养管理，保持其中等以上的营养水平，严禁与公羊混群饲养。

（3）受体羊的同期发情。将受体羊根据供体羊的分组情况进行相应的按比例分组，同一组的供体羊、受体羊标记相同，不同组的供体羊、受体羊要标记分明，与供体羊同批次的受体羊在供体羊埋植 CIDR 的同时埋植 CIDR 或阴道海绵栓。以埋栓日为第 1 天，于埋栓的第 13 天下午撤除 CIDR 和海绵栓，并于撤栓同时肌注 PMSG300 国际单位和 400 国际单位。

(4) 受体羊的发情鉴定。受体羊于撤除阴道海绵栓后 12 小时开始用试情公羊试情，每日 3～4 次，做好标记和记录。有条件的单位，可将在不同时间发情的受体羊分群管理。严禁公羊偷配。

(二) 胚胎移植技术

1. 准备工作

(1) 器械、药品和场地的准备。试验所用主要仪器包括麻醉机、内窥镜、电动机械剪毛剪、外科手术器械（包括手术刀、手术钳、缝合用具)、胚胎操作器械（体视显微镜、胚胎分割仪等)、氧气瓶、二氧化碳瓶、无影灯具、人用导尿管、羊用手术车等。

所用主要试剂：消毒药、麻醉液、冲卵液、胚胎保存液等。

采胚及胚胎移植须在专门的手术室内进行，手术室要求洁净明亮、光线充足、地面平整（用水泥或砖铺成)。配备照明用电。室内温度保持在 20～25℃。在手术室内设专门套间，作为胚胎操作室，手术室内定期消毒，手术前用紫外灯照射 1～2 小时，在手术过程中不应随意开启门窗。术前 1 小时将冲卵液和胚胎保存放在 37℃的水浴中预热。手术前一天，所需一切器械均需严格消毒。

(2) 供体羊的准备。供体羊手术前停食 24 小时，可适量饮水。待供体进入准备室内，剪去其颈部被毛，颈静脉注射麻醉剂 1～1.5 毫升（按体重 1 毫升/50 千克)，进行术前麻醉。

将术羊轻抬至手术架上腹部朝上保定后，剪去乳三角前方约 20 厘米×20 厘米部位的被毛，先用碘水清洗干净，后用75%

酒精和碘（9∶1）均匀喷洒在术部，用卫生纸从前向后擦拭，最后一次喷洒后不擦，推入手术室内待晾干后进行手术。

2. 冲取胚胎（子宫法）

根据胚胎移植工作进程，在供体羊配种后的6～8天进行冲胚和移植。

（1）麻醉机的操作规程。供体羊手术前带上呼吸罩，呼吸罩与麻醉机相连。麻醉气体由氧气和混合麻醉剂组成。控制氧气流速为1～2升/分钟（P＝600千帕），供体羊吸入麻醉剂的浓度从手术开始至结束应为恒速减量吸入：从开始的5升/分钟至冲完胚的3升/分钟，再至开始缝合皮肤伤口的1升/分钟，结束时为0升/分钟。

（2）冲胚过程。供体羊手术部位剪毛、消毒，保定在手术车上后，将手术架抬起，使羊前高后低呈半仰卧姿势。在手术部位盖上灭菌的一次性创布，使预定的切口部位暴露在创布开口的中央，用手术钳固定在皮肤上。在乳三角前端，腹中线两侧各开一小口（距腹中线3～4厘米，距乳头7～8厘米）。左侧开口较小（约1厘米），右侧开口较大（2～4厘米），分别供内窥镜进入和子宫的引出。

组织切开时应注意要直线切开；避开较大的血管、神经和第1次手术瘢痕；切口边缘与切面整齐，方向与组织走向一致；依次切开皮肤、皮下组织、腹膜三层组织，内窥镜配合二氧化碳从左孔插入，观察卵巢的情况并记录黄体的数量。

手术钳从右切口插入，通过腹腔镜观察卵巢，不可用力牵拉卵巢，若不使用腹腔镜时，不可触摸黄体。找到子宫，夹住子宫后从右侧切口引出，用事先配好的消毒液进行湿润和消毒。在子宫角交叉前端与子宫相反的方向用术剪尖端轻轻开一小口，插入导胚管1～2厘米。用20毫升注射器吸6～8毫升空气吹起气囊，然后在输卵管靠近卵巢的地方与输卵管相反的方向插入冲卵针头（钝形），当确认针头在管腔中，进退畅通时，将硅胶管连接于注射器上，用20~30毫升细胞外基质（ECM）缓冲液缓慢冲胚（发现有液体流入培养皿后有节奏地进行推注）。ECM推注完后，再吸入10~20毫升空气将残留在子宫内的液体冲出。随后抽出气囊中的气体，取出冲胚管，另一侧子宫用同样的方法进行冲胚。

手术过程注意止血。常见的毛细血管出血或渗血，用纱布轻压出血处。其他血管出血一般要先结扎，再进行手术。

3. 胚胎的质量鉴定和分级

（1）胚胎鉴定。从子宫内回收的冲卵液放在体视显微镜下（低倍）大致观察回收卵的数目，用微吸管轻轻地把所观察到的胚胎聚集到视野中央。观察胚胎的发育情况，记录冲出的胚胎数和可用胚胎数，然后换成高倍显微镜，观察胚胎的质量，最后把胚胎转移到提前准备好的盛有胚胎保存液的小培养皿中，标记羊号及胚胎类型和数目，盖好盖子，待移植。根据观察将胚胎分成以下几种类型。

①桑葚胚：卵裂球隐约可见，细胞团的体积几乎占满卵周间隙。

②囊胚：细胞团内出现透亮的囊胚腔，滋养层细胞分离，细胞团充满卵周隙。

③扩展囊胚：囊腔充分扩张，体积增加，透明带变薄，相当于原来的1/3。

④孵出囊胚：透明带破裂，细胞团从囊腔孵出透明带。

⑤未受精卵：凡卵子的卵黄未形成分裂球及细胞团的，均列为未受精卵。

⑥死胚：细胞轮廓不清，边缘不整齐，细胞突出，细胞暗淡。

（2）胚胎分级。在受精后一定时间内，胚胎的实际发育阶段和应该发育到的阶段是否相吻合，是胚胎继续发育的关键。根据受精卵的形态、色调、分裂球的大小、均匀度、细胞的密度、与透明带的间隙及变性情况等将胚胎分为以下几个等级。

A级：胚胎形态完整，轮廓清晰，呈球形，分裂球大小均匀，结构紧凑，颜色调和透明度适中，无附着的细胞和液泡。

B级：轮廓清晰，细胞和细胞密度良好，可见到少量的细胞和液泡，变性细胞占10%～30%。

C级：轮廓不清，色调发暗，结构较松散，游离的细胞和液泡较多，变性细胞占30%～50%。

除此之外，胚胎的等级划分还应考虑到受精卵的发育程度。发育后第7天回收的受精卵在正常发育时应处于致密桑葚胚阶段至囊胚阶段。凡在16－细胞以下的受精卵及变性细胞超过一半的胚胎均属等外级。

4. 胚胎分割

对于质量好、发育至囊胚阶段和扩张囊胚阶段的胚胎都可以进行分割后移植。用机械切割手进行切割时，先用专用拉针仪制作玻璃针，细度为3微米，固定管内径要求100微米，切口要整齐，并用煅熔仪烧圆。切割前所用的针、管均用胚胎保存液冲洗。将培养胚移至倒置显微镜或实体显微镜下，调整焦距，找到胚胎，用固定吸管固定胚胎，用玻璃针从内细胞团正中切开。也可徒手用刀具分割，不用固定管，先用刀具在培养皿底上划一刀痕，再用刀尖将胚胎拨至刀痕上，调整好内细胞团的位置，用刀片从上向下垂直把胚胎切成两半。

5. 术口缝合

缝合前创口必须彻底止血，用加抗生素的灭菌生理盐水冲洗，清除手术过程中形成的血凝块等。缝合时要求按组织层次分层缝合，对合严密、创缘不内卷、外翻，缝线结扎松紧适当，缝合进针和出针要距创缘 0.5 厘米左右，针间距要均匀，所有结要打在同一侧。

主要缝合方法有间断缝合和连续缝合。间断缝合用于张力较大、渗出物较多的伤口缝合，如肌肉和皮肤的缝合，在创口处每隔 1 厘米缝一针，针针打结。连续缝合只在缝线的头和尾打结。螺旋形缝合是最简单的一种连续缝合，用于子宫、腹膜和黏膜的缝合；锁扣缝合，像做衣服锁扣眼的方法，用于直线形肌肉和皮肤的缝合。

将子宫缝合后按拉出方向的相反方向轻轻放入腹腔内，倒入预热的消毒液（0.9% NaCl + 15 毫升复合抗生素 + 5 毫升肝素钠）200 ~ 300 毫升，冲去凝血块，湿润子宫，用于子宫的复位和伤口的消毒。然后依次对腹膜、肌肉和皮肤进行缝合。缝合后，撤除麻醉机后放平手术架，推出手术室。每只供体颈部肌内注射复合抗生素 5 毫升、前列腺素 1 毫升。

6. 移植胚胎

（1）受体羊术前准备。受体羊术前停食 24 小时，可适量饮水。剪去颈部颈静脉被毛，颈静脉注射 1.0 ~ 1.3 毫升麻醉剂；保定在受体手术架上，剪去腹毛（剪毛面积略小于供体羊），用碘酒喷雾消毒。

（2）移植胚胎。将受体羊推进手术室，在乳三角前端 5 ~ 7 厘米处、腹中线两侧 2 ~ 3 厘米处，避开血管，各切约 1 厘米的小口。左侧只切开皮肤和皮下组织，内窥镜刺穿腹膜直接进入腹腔，寻找卵巢，观察每侧卵巢上黄体的发育状况和数目。胚胎移至黄体侧子宫，无黄体侧不移植。

操作员将手术钳插入右侧腹腔，寻找子宫，将子宫角引导至切口外，先用钝针头刺穿子宫角尖端子宫壁，将提前装好胚胎的移植管顺子宫角方向插入宫腔，推出胚胎，随即子宫复位。皮肤复位后立即将腹壁切口覆盖，皮肤切口用碘酒、酒精消毒，一般不需缝合。若切口增大或覆盖不严密，应进行缝合。受体羊手术和胚胎移植操作（包括切割、装管等）需由2个操作员同时进行。为防止胚胎在吸管中丢失，装管时要先吸一段培养液，再吸一小气泡，然后轻轻吸取胚胎，再吸一小气泡，最后再吸一小段液体，待移植。从开始对受体羊进行手术到胚胎移植完毕，整个过程3~5分钟。

子宫壁术口无须缝合，将其缓缓推入腹腔内，喷洒消毒液缝合伤口；左侧只用铁圈缝合皮肤，右侧缝合两层，内层连续缝合，皮肤用铁圈缝合。

受体推出手术室后，注射复合抗生素5毫升/只。

7. 术后的饲养管理

对术后受体羊需精心管理，避免应激，谢绝参观，以防受体羊发生大量流产。术后1~2情期内要注意观察返情情况，若返情则应进行配种或移植。对没有返情的羊应加强饲养管理，妊娠前期应满足母羊对热量的摄取，防止胚胎因营养不良而引起早期死亡。在妊娠后期应保证母羊营养的全面需要，尤其是对蛋白质的需要，以满足胎儿的充分发育。

规模化胚胎移植受体羊产羔是羊场的一项集中、繁重的生产工作，必须提前准备产羔、接羔工作。受体羊产羔期需精心管理，做好助产、双羔羊和三羔羊的哺乳及保姆羊代乳准备，并要保证母羊哺乳期营养需要，同时应认真、详细填写产羔记录。

二、母羊产羔与接羔技术

（一）母羊产羔前的准备工作

1. 饲草饲料的准备

由于冬春羔当年可进行繁殖配种或育肥出栏，因此养羊场将绵羊产羔大多都安排在冬春季节。而我国北方大部分地区冬春季节气候寒冷，牧草枯萎时间较长，特别是积雪天，放牧地基本上没有牧草可采食，全靠舍饲饲养。所以，羊场除了贮备正常饲养羊只所需的草料外，还要特别贮备一些优良牧草，以备母羊产羔时及产羔前后期利用。提前将栏具、料槽及草架等用具检查、修理好，并用碱水或石灰水消毒。

2. 产羔室的准备

规模较大的羊场，要有专门的接产育羔室，即要有产房。舍内应有采暖设施，如安装火炉等，但要注意尽量不在产房内点火升温，以免因烟熏使羊患肺炎或其他疾病。产羔期间，要尽量保持产房恒温和干燥，一般以 5～15℃为宜，相对湿度应保持在 50%～55%。

产羔前应把产房提前打扫干净，墙壁和地面用 5% 的碱水或 2%～3% 的来苏儿消毒，在产羔期间还应消毒 2～3 次。

尽量将产羔母羊在产房内单栏饲养，因此在产羔比较集中时要在产房内设置分娩栏，既利于避免其他羊干扰，又便于母羊认羔，一般可按产羔母羊数的 10% 设置。消毒后的接羔棚舍应保持温暖、地面干燥、空气清新、光线充足。

3. 劳动力及药品的准备

国外一些优质肉羊品种双羔率较高，因此还要配备一定数量的辅助劳动力，并且要分工明确，落实责任，昼夜坚守岗位。兽医人员必须准备好充足的碘酒、酒精、高锰酸钾、药棉、纱布及产科器械，以及产羔期间母羊和羔羊发生常见病时所必需的药品，准备好接羔及助产所需的用具。

（二）接羔技术

1. 母羊产羔征兆

母羊在临产前，表现神态不安、食欲减退、时常回顾腹部、肷窝下陷明显，尤以产前 2～3 小时下陷最明显；行动困难，排尿次数增加，乳房肿大，乳头直立；阴门肿胀潮红，有时从阴道流出浓稠黏液。临产母羊表现孤独、常站立墙角处、喜欢离群、放牧时易掉队、用蹄刨地、起卧不安、不时鸣叫等，有这些征状的母羊应留在产房，工作人员做好接产准备。

2. 正常接产

母羊产羔前应先将其乳房周围和后肢内侧的毛剪去，以免初生羔羊吃乳时吃下脏毛。用温水洗净乳房，并挤出几滴初乳，再将母羊的尾根、外阴部和肛门洗净，最好用1%来苏儿消毒。

母羊分娩过程开始是以子宫颈的扩张和子宫肌肉有节律性地收缩为主要特征，在开始阶段，大约每 15 分钟收缩 1 次，每次持续约 20 秒，这种一阵一阵的收缩现象称为“阵缩”。在子宫阵缩的同时，母羊的腹壁也伴随着发生收缩，称之为“努责”。母羊靠阵缩和努责产生的动力将胎儿娩出。在母羊阵缩和努责的同时，扩张的子宫颈和阴道成为一个连续的管道。胎儿和尿囊绒毛膜随之进入骨盆口，尿囊绒毛膜开始破裂，尿囊液流出阴门，称为“破水”。这一阶段的时间持续 2～6 小时。随后胎儿继续向骨盆口移动，同时引起膈肌和腹肌反射性收缩，使胎儿通过产道产出。正常分娩的经产母羊，在羊膜破裂后 10～30 分钟，羔羊即能顺利产出（图 3－4）。

母羊正常分娩过程一般持续几分钟至半小时左右，若产双羔，先后间隔 5～30 分钟，产羔过程母羊表现努责、阵痛。正常胎位的羔羊，出生时一般是两前肢和头部先出，头部紧贴在两前肢的上面，最后是整个躯体出来。

羔羊产出后，先把其口腔、鼻腔里的黏液掏出擦净，多数肉羊品种母性好，认羔能力强，羔羊身上的黏液一般都是母羊自己舔净。如果分娩时间较长，羔羊出现假死情况时，可及时采用如下急救措施：提起羔羊的两后肢，使羔羊悬空，同时拍

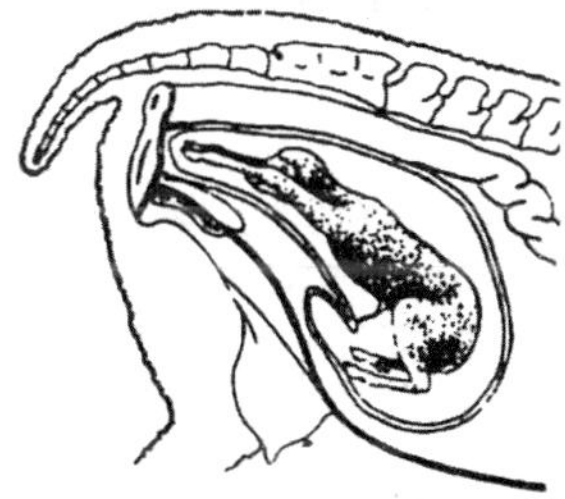

图 3－4　母羊顺产时羔羊胎位图

打其胸背部，或者使羔羊平卧，用两手有节律地推压羔羊胸部两侧，都能使羔羊恢复正常。

羔羊出生后，一般母羊站起，脐带自然断裂，这时在脐带的断端涂 5% 的碘酒消毒。如脐带未断，可在离脐带基部 6～10 厘米处将内部血液向两边挤，然后在此处剪断，涂抹浓碘酒消毒。

3. *难产及助产*

母羊在产羔过程中，最好让母羊自行产出羔羊。如果发生难产，视难产情况进行助产。如果因初产母羊阴道狭小或怀双羔母羊分娩第二胎时已间隔时间太长而发生难产，可采用的助产方法是：人在母羊的体躯后侧，用膝盖轻压其肷部，羔羊嘴露出后，用一手推动母羊的会阴部，羔羊头部露出后，再用一手托住头部，一手握住母羊的努责向后下方拉出胎儿。如属胎位不正而引起的难产，应先将胎儿露出的部分送回阴道，把母羊的后躯抬高，手入产道校正胎位后，随母羊有节奏的努责，将胎儿拉出。如胎儿过大，一时胎儿不能产出，可将胎儿两前肢反复数次拉出或送入，然后一手拉前肢、一手扶头，随母羊的努责缓慢向下方拉出胎儿。在助产过程中，切忌用力过猛，以免拉伤母羊阴道。

(三) 产后母羊和羔羊的护理

1. 产后母羊的护理

母羊产羔后有疲倦、饥饿、口渴的感觉，个别母羊会咬食胎盘和沾染胎液的垫草。因此在母羊产羔后应及时给母羊一些掺有少量麦麸的温水，或给一些豆浆水，以防母羊噬食胎衣。母羊产羔后应让其休息好，产后3天内可不出牧，不运动，让其与羔羊一起待在接羔室内，如果羔羊体弱，可延长母羊的留圈时间。应给予母羊优质青干草，让其自由采食，精料不宜过多，不能饮冰水。3天后饲料与饮水可恢复正常。

注意保暖，避免贼风，预防感冒。母羊哺乳期间，要勤换垫草，保持羊舍清洁、干燥（图3－5）。

图3－5　产羔母羊隔离栏

2. 初生羔羊的护理

初生羔羊体质较弱，适应能力低，抵抗力差，容易发病。因此，要加强护理，保证羔羊成活及发育健壮。羔羊初生后，要及时编号，并保证让其尽早吃上初乳，对于缺奶羔羊，要找保姆羊代养或人工哺乳。羔羊初生后，体温调节功能不完善，房舍温度过低，会使羔羊体内能量消耗过多，体温下降，影响羔羊健康和正常的生长发育。因此，要做好初生羔羊的防寒保暖工作，搞好圈舍的卫生管理，减少羔羊接触病原菌的机会，降低羔羊发病率。饲养人员要勤检查，及时发现病羔，及时治疗，特殊护理（图3－6）。

图3－6　羔羊人工哺乳

第四节　肉羊繁殖新技术

一、诱导发情技术

依据母羊生殖生理的特点，选择实施有效的发情调控技术十分重要。

（一）孕激素＋孕马血清促性腺激素（PMSG）法

繁殖季节采用甲孕酮海绵栓，非繁殖季节采用氟孕酮，剂型以阴道海绵装置。对不适宜埋栓的母羊，也可采用口服孕酮的方法。

PMSG的注射应在撤栓前1～2天进行，消除因突然撤栓造成的雌激素高峰而引起排卵障碍，这种处理方案安全可靠。第1个情期不受胎，还会正常出现第2、3个情期，不至对母羊的最终受胎造成影响。

（二）前列腺素处理法

对非繁殖季节的母羊效果较差，可用PMSG配合处理，以提高受胎率。这种技术方案不会对母羊下一个情期造成负面影响。

非繁殖季节或繁殖季节对母羊实施诱导发情，必须有40天以上的断奶间隔，哺乳会导致母羊垂体前叶促乳素分泌量增高，同时引起下丘脑“内鸦片”类物质的分泌量增高，这两者的作用使促黄体生成素（LH）的分泌量和频率不足。

在进行诱导发情处理时，还应特别选用配套技术。配套技术包括配套的药物、统一的程序、优化人工授精技术、首次配种时间、母羊发情状况的确定、早期妊娠诊断、复配管理等。只有采用配套技术，才能保证处理效果，使该项技术发挥最大效力，为高效生产奠定基础。

二、胚胎移植技术

胚胎移植的主要技术环节包括供体羊和受体羊的选择、受体羊同期发情处理、供体羊超数排卵处理、采集胚胎和移植胚胎。

（一）供体羊和受体羊的选择

供体羊选择健康、繁殖正常、品质优秀的成年母羊。受体羊选择不同品种或同品种的成年母羊，体质健康，繁殖正常。不同品种的受体羊，以产1～2胎、个体较大、泌乳性能高的较好。

（二）受体羊同期发情处理

受体羊和供体羊同时放置阴道栓，比供体羊早0.5～1天取栓，去栓后观察母羊发情，并做好记录。

（三）供体羊超数排卵处理

将供体羊用阴道栓放置7～12天，取栓前3～4天肌内注射促卵泡素（FSH）3～4天，每天2次，总量6～8毫克。取栓后

1～2 天，注意观察母羊发情。发情后用优秀公羊配种或人工授精 2～3 次，间隔 8～10 小时。

（四）采集胚胎

采集胚胎时间在配后 6～7 天，多采用手术法。

（1）采胚方法。用 846 注射液 1～1.5 毫升肌内注射全身麻醉。腹下乳房前白线处切口。局部剔毛消毒，按外科程序打开腹腔，观察卵巢黄体情况。用冲胚导管由子宫角上端向子宫角尖部插入子宫角，按压气球。用注射针头由导管前端处向宫管结合部刺入子宫角，注入冲胚液（含 1% 犊牛血清的 PBS）30 毫升左右。由导管末端收集冲胚液。最后放出气泡内气体，拉出冲胚导管。用同样的方法，另一侧子宫角采胚。冲胚后，子宫角放回原处，腹腔内注入抗生素，按外科手术方法闭合腹壁。

（2）检查胚胎。将冲胚液倒入检卵皿内，在显微镜下检胚，将胚胎转入培养液（含 20% 犊牛血清的 PBS）内，进行胚胎质量评定。根据胚胎的质量将其分为 A、B、C 三级。A 级和 B 级可作移植用，称作可用胚。A 级胚胎可冷冻保存。C 级胚胎或未受精卵为不可用胚。

（五）移植胚胎

将 6～7 日龄供体羊胚胎移入发情后 6～7 日龄的受体羊子宫角尖端。移胚应用外科手术方法，用 846 注射液对受体羊全身麻醉，腹下乳房前白线处切口，打开腹腔，拉出有黄体侧子宫角。先用针头刺透子宫壁，后用移胚细管将胚胎移入。也可用腹腔镜分别由乳房前白线两侧插入腹腔，观察两侧卵巢黄体情况，可在有黄体侧腹腔镜插入处开一小孔，用肠钳拉出该侧子宫角，将胚胎移入子宫角尖端。子宫角放回原处，闭合腹壁。通常 1 只受体羊可移 1～3 枚胚胎。

供体羊和受体羊采胚或移胚后，可注射抗生素 1～3 天。保持圈舍干净卫生。每天用碘酒涂擦创口 1～2 次，以防感染。观察供体羊发情情况，发情后可同时配种。观察受体羊发情状况，一个发情周期未发情者，疑似妊娠，加强饲养管理，注意保胎。

三、母羊多胎技术

母羊的多产性是具有明显遗传特征的性状。在生产实践中，有些母羊不仅可以产双羔，甚至可以产 3 胎和 4 胎。目前，用于母羊产双羔的方法主要有 4 种：采用促性腺激素，如 PMSG 诱导母羊双胎；采用生殖免疫技术；应用胚胎移植技术；采用营养调控技术。

（一）促性腺激素

对单胎品种的母羊多采用这种方法。一般是在母羊发情周期的第 12～13 天，一次注射 PMSG 700～1 000毫克，或用孕酮处理 12～14 天，撤栓前注射 PMSG 500 毫克以上，一次注射 HCG 200～300 毫克。在非繁殖季节，需要增加激素剂量。注射 500 毫克 PMSG 可提高每只母羊的产羔指数 0.2～0.6 只。PMSG 处理的弊端是不能控制产羔数，剂量小时，双胎效果不明显，剂量大时，则会出现相当比例的 3 胎或 4 胎，影响羔羊成活的成绩，有时还会造成母羊卵巢囊肿。

（二）生殖免疫技术

生殖免疫技术为提高母羊多胎性提供了新的途径。该技术是以生殖技术作为抗原，给母羊进行主动免疫，刺激母体产生技术抗体，或在母羊发情周期中用抗体进行被动免疫，这种抗体便和母羊体内响应的内源激素发生特异性结合，显著地改变内分泌原有的平衡，使新的平衡向多产方向发展。

目前，研制的生殖免疫制剂主要有双羔素（睾酮抗原）、双胎疫苗（类固醇抗原）、多产疫苗（抑制素抗原）及被动免疫抗血清等。这些抗原处理的方法大致相同，即首次免疫 20 天后，进行第2次加强免疫，二免后20天开始正常配种。据测定，免疫后抗原滴度可持续1年以上。

（三）移植2个胚胎

应用胚胎移植技术可给发情母羊移植两枚优良种羊的胚胎，不但能达到1胎双羔，还可以通过普通母羊繁殖良种后代，在生产中具有很大的经济价值。

（四）营养调控技术

营养调控技术提高母羊双羔率，主要采用配种前短期优饲，补饲维生素E和维生素A制剂、白羽扁豆、矿物质微量元素等。实践证实，这些措施可以提高母羊的繁殖率。

一般情况下，采取这种处理，在配种前的短期内使母羊活重增加3～5千克，可以提高母羊的双羔率5%～10%。待配种开始后，恢复正常饲养。从经济效益上分析，不会增加生产成本，投入恰到好处。对经过生殖免疫处理的母羊于配种前20天补饲维生素E和维生素A合剂，可显著提高免疫处理的效果。

第五节　提高繁殖力的措施

羊的繁殖力是羊维持正常繁殖机能，生育后代的能力。公羊的繁殖力取决于精液的数量、质量、性欲及与母羊的交配能力；母羊的繁殖力取决于性成熟的早晚、发情表现的强弱、排卵的多少、卵子的受精能力、妊娠时间的长短、哺乳羔羊的能力等。

一、羊的正常繁殖力指标

母羊的正常繁殖力受品种、饲养管理、生态条件的影响。绵羊大多1年1胎或2年3胎，湖羊和小尾寒羊可年产2胎或2年3胎。绵羊的产羔率一般单羔较多，但湖羊和小尾寒羊产双羔、三羔的比例较多。山羊一般年产1～2胎，每胎产羔1～

3 只。

二、羊繁殖力的评价

羊的繁殖力评价方法，按其生产特点和生物学特性有相同也有不同，其繁殖力的高低只能在同品种之间比较。

（一）情期受胎率

是指妊娠母羊数与配种情期数的百分率。

情期受胎率（%）＝妊娠母羊数/配种情期数×100

（二）产羔率

是指产活羔数与参加配种母羊数的百分率。

产羔率（%）＝产活羔羊数/参加配种母羊数×100

（三）双羔率

是指产双羔母羊数占产羔母羊总数的百分率。

双羔率（%）＝产双羔母羊数/产羔母羊总数×100

（四）成活率

分断奶成活率和繁殖成活率两种，用以反映羔羊成活的成绩。

断奶成活率（%）＝断奶成活羔羊数/产活羔羊数×100

繁殖成活率（%）＝年内成活羔羊数/产活羔羊数×100

（五）繁殖率

是指本年度内实繁母羊数占应繁母羊数的百分率。

繁殖率（%）＝年实繁母羊数/年应繁母羊数×100

三、提高繁殖率的措施

（一）加强营养，保持良好体况

母羊群在配种前 1～1.5 个月，如能在最好的放牧场地上放牧，并保证每天放牧 10 小时以上，再加上从配种前 20 天起，每天都能补饲一定量的含蛋白质、维生素和矿物质丰富的饲料，可使羊群发情整齐，多排卵，提高产羔率 10% 以上。群众说“羊满膘，多产羔”，是很有道理的。

（二）加强对种羊的选留

一是注意从 1 胎多羔的公、母羊后代中选留种羊，因为羊的多胎性具有很强的遗传性，选择的作用很大。二是对种公羊注意在不良环境条件下进行抗不育性的选择，因为在不良环境条件下更能显示和发现繁殖力低的种羊。三是母羊的年龄结构要合理，使 2 ~5 岁羊在繁殖母羊群中的比例达 75% 左右，1 岁羊比例在 25% 左右，及时淘汰老龄羊和不孕不育羊。

（三）适时配种

首先是选择适宜的配种季节，其次是选择配种时机。此外，应注意种公羊精液品质的季节性变化。

（四）利用外源激素和免疫技术

利用外源激素，不仅可使母羊群能够按照人们的意愿同期发情和排卵，还能使母羊多排卵，使受胎率和产羔率都得到提高（一般产羔率可提高 30% ~50%）。另外，由于羊群能够按照人的安排分批集中产羔，可大大提高接羔、育羔的水平，因此羔羊的成活率也就比较高。

（五）实行羔羊早期配种

提高母羊的初配年龄，不仅对其生长发育没有明显坏的影响，而且可使母羊在一生中多产 1 次羔，对生产和育种十分有利。母羊早期配种，虽然会使其生长发育暂时受阻，但这种影响只是影响脂肪增长的减缓，对肌肉、骨骼等并未产生不利的影响。而且，早配母羊难产率低也是事实。在科学饲养管理的基础上，当母羊体重达到其成年体重的 50% ~60% 时，可予以配种。

四、高频繁育体系的应用

羊的高频繁殖体系也称为密集繁殖体系，是随着现代集约化养羊及肥羔生产而发展起来的高效生产体系。其含义是打破羊只季节繁殖特性，使羊一年四季发情配种，全年均衡产羔，使繁殖母羊每年提供最大羔羊数。其特点是最大限度地发挥母羊的生产性能，全年均衡供应羊肉上市，资金周转期缩短，提高设备利用率和劳动生产率，降低生产成本，便于进行集约化的科学管理。高频产羔体系常见的有以下 4 种形式，可根据当地实际情况和需要，灵活选用。

（一）一年两产体系

一年两产体系可使繁殖率提高 90% ~100%，在不增加羊舍设施的前提下，母羊生产力提高 1 倍，生产效益提高 40% ~50%。其核心技术是母羊发情调控、羔羊超早期断奶、早期妊娠检查。按照生产要求，制订周密的生产计划，将饲养、兽医保健、管理等融为一体，最终达到预定生产目标。年产 2 胎的羊，可在 4 月配种，当年 9 月产羔；第 2 胎在 10 月配种，翌年 3 月产羔。这就是常说的“桃花开，谷穗黄”两茬羔。但在目前情况下，即使是全年发情母羊群也难以做到，因为母羊产后需一定时间进行生理恢复。此外，饲养管理措施、营养与饲料、羔羊早期断奶需要合理解决。

（二）两年三产体系

两年三产体系是20 世纪50 年代后期提出的一种方法，沿用至今。要达到两年三产，母羊每 8 个月产羔 1 次。这个体系一般有固定的配种和产羔计划：如 3 月配种，8 月产羔；11 月再次配种，翌年 4 月产羔；翌年 8 月配种，第 3 年 1 月产羔。羔羊一般在 2 个月断奶，母羊在羔羊断奶后 1 个月配种。为了达到全年均衡产羔、科学管理的目的，在生产中羊群可被分成 8 个月产羔间隔相互错开的4个组，每2个月安排1次生产。这样每隔2个月就有1批羔羊屠宰上市。如果母羊在其组内怀孕失败，2个月后与下一组一起参加配种。该体系生产效率比常规体系增加40%，且设备成本也可减少。其核心技术是母羊多胎处理、发情调控和羔羊早期断奶，强化育肥。

（三）三年五产体系

三年五产体系又称为星式产羔体系，是一种全年产羔方案。母羊妊娠期的一半是73天，正是1年的1/5。羊群可被分成3组，第1组母羊在第1期产羔，第2期配种，第4期产羔，第5期再次配种；第2组母羊在第2期产羔，第3期配种，第5期产羔，第1期再次配种；第3组母羊在第3期产羔，第4期配种，第1期产羔，第2期再次配种。如此周而复始，产羔间隔7.2个月，对于1胎产1羔的母羊，1年可获1.67个羔羊，如1胎产双羔，可获3.34个羔羊。

（四）机会产羔体系

在有利条件下，如有利年份、有利的价格时，进行一次额外的产羔。无论采用什么方式、体系进行生产，尽量不出现空怀母羊，如果有空怀母羊，即进行一次额外配种。此方式对于个体养羊者是很有效的一种快速产羔方式。

第四章　营养需要与日粮配制

第一节　肉羊的消化生理特点

羊的食性、消化机能特点及舍饲养羊对饲草、饲料贮备的一般要求如下。

一、羊的饲料范围

羊属于反刍类草食畜，可利用饲料的范围最为广泛。根据有关资料，对山羊和绵羊的六百余种植物的饲喂试验表明，羊对植物的择食率居于各种家畜家禽之首，分别高达87%和79%。天然牧草、灌木、树枝树叶、农副产品等，都可作为羊的饲料；对青贮饲料、微贮或氨化处理秸秆也有较好的采食利用率和消化率。此外，还具有一定的利用非蛋白氮（如尿素等）的能力。

二、羊的有关食性消化特点及对饲料的一般要求

（1）嘴尖唇薄齿利，特别是上唇灵活，便于采食；下颚门齿向外有一定的倾斜度，可捡食很短的饲草和粉碎饲料。

（2）其择食习性主要依据饲料的外表和气味作为取舍条件，其鉴别能力可区别出同一种植物的不同品系品种。自然植被中最不爱采食的是有刺毛类和带蜡脂类的植物，喜食的是含蛋白质多且粗纤维少的牧草。另外，山羊绵羊的择食喜好也有区别，山羊一般偏好灌木枝叶及短草，而绵羊则比较喜好阔叶类杂草。

（3）吃净草、喝净水。羊宁愿饿着肚子也不愿吃被践踏污染的草料。因此，舍饲养羊喂草需要放在草架或草筐中，少喂

勤添避免浪费；饮水槽宜定时给水，勤清勤换。

（4）羊是复胃（反刍）动物，由于瘤胃微生物的助消化作用和肠道长的特点，因此对饲料的消化吸收能力很强，特别是对粗纤维的消化率可达 50% ～80%。成年羊日粮中粗饲料比例应在 40% 以上，且宜磨碎切短或加工调制。哺乳期羔羊瘤胃微生物的区系尚未形成，起主要作用的是第四胃，应当和单胃动物一样对待，其自身不能合成某些必需氨基酸、维生素，因此强调对羔羊补饲质量高的蛋白质饲料和含粗纤维少的干草。

第二节　肉羊营养需要

一、羊的营养特点

（一）羊有着自身的营养特点

羊是反刍动物，由于瘤胃的特殊作用，在消化生理和营养需要方面有别于非反刍动物，有着自身的营养特点。碳水化合物是自然界分布极广的一种有机物质，是植物性饲料的主要成分，含量可占其干物质的 50% ～80%，主要由贮存性的淀粉、糖类以及结构性的粗纤维组成。碳水化合物在羊的瘤胃中经过微生物消化，分解成乙酸、丙酸、丁酸等挥发性脂肪酸（VFA）被机体吸收。乙酸是形成乳脂的主要前体，丙酸则是能量的主要来源。饲喂粉碎得过细的粗料或高精料日粮时，瘤胃发酵产物中乙酸比例下降，丙酸比例升高，利于肉用羊的育肥，正如常言所说，“寸草铡三刀，无料也长膘”。对于奶山羊来说，乙酸比例低，则乳脂形成减少。因此，奶山羊日粮必须保持一定比例（通常不应低于日粮干物质的 35%）和一定长度的粗饲料。

（二）利用非蛋白氮（NPN）

瘤胃微生物活动需要一定的氨浓度，而氨的来源是通过分解食物中的含氮化合物产生的。不论是山羊还是绵羊，在饲料中加入一定浓度的非蛋白氮，如尿素、铵盐等，可以增加瘤胃中氨的浓度和利于菌体蛋白质的合成，以节约蛋白质饲料，降低饲料成本，提高经济效益。

（三）有效利用粗饲料

羊的饲料必须有40% ~70%的粗饲料，才能保证其正常消化生理需要，即使在采用颗粒饲料的高强度肥育条件下，也必须保证一定的粗料比例。

（四）体内合成B族维生素

羊的瘤胃微生物可以利用饲料中提供的营养物质合成B族维生素，在青贮饲料、青草及胡萝卜等正常供应的情况下，可以满足羊的维生素需要量。

二、羊的营养需要

营养需要是指羊在生长发育以及繁殖生产中对能量、蛋白质、矿物质、维生素和水等各种营养物质的需要，包括维持需要和生产需要两个方面。

（一）能量

羊的能量主要来源于饲料中的碳水化合物。饲草、秸秆、青贮等粗饲料中的粗纤维等碳水化合物在瘤胃微生物的作用下，发酵分解成乙酸、丙酸和丁酸等挥发性脂肪酸，吸收进入机体内被利用，产生机体维持和生产所需要的能量。能量不足，导致肉羊生长缓慢，母羊繁殖率下降，泌乳期缩短，羊毛生长缓慢、毛纤维直径变细等；能量过高，对生产和健康同样不利。因此，合理的能量水平，对保证羊体健康，提高生产力，降低饲料消耗具有重要作用。

（二）蛋白质

羊所需要的蛋白质主要来源于饲料中的粗蛋白。羊日粮中蛋白质不足，影响瘤胃的功能，易造成羊的生长发育缓慢，繁殖率、产毛量、产奶量下降。若蛋白质喂量过大，多余的蛋白质则以低效的能量形式被利用，很不经济。

饲料蛋白质在瘤胃中经过微生物的降解被细菌利用变为菌体蛋白，因此，使用优质蛋白质饲料容易造成浪费，需要进行过瘤胃保护。瘤胃微生物可以利用非蛋白氮合成菌体蛋白，但是，过量的非蛋白氮可使瘤胃氨浓度迅速升高而造成氨中毒。因此，使用非蛋白氮要控制其分解速度。

（三）矿物质

羊的矿物质需要主要是常量元素和微量元素。

钠和氯：在体内对维持渗透压、调节酸碱平衡、控制水代谢起重要作用。

钙和磷：缺乏钙磷、钙磷不平衡或钙磷代谢障碍均对羊有较大的影响。羔羊易导致佝偻病，成年羊则导致软骨病。

镁：镁是骨骼的组成成分，机体中的镁有60%～70%在骨骼中；镁能维持神经系统的正常功能。缺镁的典型症状是痉挛。钾的过量会导致镁的缺乏，临床上常见羊采食高钾含量的牧草导致的缺镁痉挛症。但羊一般不会出现镁中毒。

硫：硫是保证瘤胃微生物生长的重要养分，在瘤胃微生物消化过程中，硫在含硫氨基酸、维生素 B_{12} 的合成中起作用。硫还是黏蛋白和羊毛的重要成分。硫缺乏与蛋白质缺乏症状相似，如食欲减退、增重减少、毛的生长速度降低等。此外，羊只还可能表现出唾液分泌过多、流泪和脱毛。用硫酸钠补充硫，最大耐受量为日粮的0.4%。严重中毒症状是呼出气体有硫化氢气味。

钴：有助于瘤胃微生物合成维生素 B_{12}。绵羊缺钴出现食欲下降、精神不振、消瘦、贫血、流泪、毛被粗硬、泌乳量和产毛量降低、发情次数减少、易流产等现象。在缺钴的地区，草场可施用硫酸钴肥 1.5 千克/公顷；可补饲钴盐，将钴以每 100 千克含钴量为 2.5 克的比例添加到食盐中，或按钴的需要量投服钴丸。

锌：是多种酶的成分，如红细胞中的碳酸酐酶、胰液中的羧肽酶和胰岛素的成分。锌可维持公羊睾丸的正常发育及精子形成，以及羊毛的正常生长。羊缺锌表现为角质化不全症、掉毛、睾丸发育缓慢（或睾丸萎缩）、畸形精子多、母羊繁殖力下降；锌过量则出现中毒症状，采食量下降，羔羊增重降低。锌在青草、糠麸、饼粕类中含量较多，玉米和高粱中含锌较少。高钙日粮易引起缺锌。

硒：硒是谷胱苷肽过氧化物酶的主要成分，具有抗氧化作用。缺硒时，羔羊易出现白肌病、生长发育受阻，母羊繁殖机能紊乱、多空怀和死胎。补硒的方法很多，如预混料中合理添加亚硒酸钠（$NaSeO_3$），皮下或肌内注射亚硒酸钠维生素 E 合剂，按 20：1 的比例制成铁硒丸剂投服等。硒过量常引起中毒，表现为掉毛、蹄部溃疡至脱落、繁殖力显著下降等。硒中毒时改喂含硒低的日粮，可使体内过量硒迅速排出体外。

（四）维生素

维生素是一类参与启动和调节体内物质代谢的低分子有机化合物。分为脂溶性维生素（维生素 A、维生素 D、维生素 E、维生素 K）和水溶性维生素（B 族维生素和维生素 C）两大类。

维生素 A 是一种环状不饱和一元醇，具有多种生理作用，缺乏时会出现多种症状，如生长迟缓、骨骼畸形、繁殖器官退化、夜盲症等。羊主要靠采食植物中的胡萝卜素满足维生素 A 的需要。

维生素 D 为类固醇衍生物，其维生素 D_2 来源于植物，维生素 D_3 来源于动物。维生素 D 的功能为促进钙磷吸收、代谢和成骨作用。缺乏维生素 D 易引起钙和磷代谢障碍，羔羊出现佝偻病，成年羊出现骨组织疏松症。放牧绵羊在阳光下，通过紫外线照射可合成并获得充足的维生素 D；如果长时间阴雨天气或圈养，可能出现维生素 D 缺乏症，此时应喂给经太阳晒制的青干草，以补充维生素 D。

维生素 E 又称生育酚，化学结构类似酚类化合物，极易氧化，具抗氧化作用。主要功能是作为机体的生物抗氧化剂，保护细胞膜的通透性。母羊缺乏维生素 E 胚胎易被吸收或流产、死亡；公羊无性机能、无受精能力，精子减少及品质降低。严重缺乏时，会出现神经和肌肉组织代谢障碍。新鲜牧草的维生素 E 含量较高，自然干燥的干草在储藏过程中可损失大部分维生素 E。

维生素 K 分为维生素 K_1、维生素 K_2 和维生素 K_3 三种，其中维生素 K_1 称为叶绿醌，在植物中形成；维生素 K_2 由微生物合成；维生素 K_3 为人工合成。维生素 K 的主要作用是催化肝脏中凝血酶原和凝血活素的合成。凝血活素的作用使凝血酶原转变为凝血酶。凝血酶能使可溶性的血纤维蛋白原变为不溶性的纤维蛋白而使血液凝固。当维生素 K 不足时血凝受阻。对于反刍动物来说，青饲料富含维生素 K_1，瘤胃微生物可大量合成维生素 K_2，一般不会缺乏。但饲料间的拮抗作用，可妨碍维生素 K 的利用。如草木樨和一些杂草中含有与维生素 K 化学结构相似的双香豆素等物质，霉变饲料中的真菌霉素有制约维生素 K 的作用；药物添加剂如抗菌素和磷胺类药物，能抑制胃肠道微生物合成维生素 K，致使维生素 K 不足，在大量和长期使用这类药物时需适当增加维生素 K 的喂量。

B 族维生素：主要作为细胞酶的辅酶，催化碳水化合物、脂肪和蛋白质代谢中的各种反应。羊瘤胃机能正常时，瘤胃微生物能够合成 B 族维生素满足机体需要。羔羊在瘤胃微生物区系尚未建立以前，日粮中需添加 B 族维生素。

(五) 水

水是机体器官、组织的主要组成部分，约占体重的 12%。水参与体内营养物质的消化、吸收、排泄等生理生化过程。水的比热高，对调节体温起着重要作用。畜体内失水 10% 时，可导致代谢紊乱；失水 20% 时，会引起死亡。

羊机体所需的水主要来源于饮水、饲料水和代谢水，其需水量受代谢水平、环境温度、生理阶段、体重、采食量和饲料组成等因素的影响。饲料中蛋白质和食盐含量增高，饮水量增加；摄入高水分饲料，饮水量降低，气温升高饮水量随之增加。妊娠和泌乳期饮水量增加，如妊娠的第 3 个月饮水量开始增加，到第 5 个月增加 1 倍；怀双羔母羊饮水量大于怀单羔母羊；母羊泌乳期需水量比干乳期大 1 倍。

第三节　常用饲料原料及营养成分

一、蛋白质饲料

凡饲料干物质中粗蛋白含量在 20% 以上、粗纤维含量小于 18% 的饲料均属于此类饲料。在草食动物饲养中，可用非蛋白质含氮饲料代替一部分蛋白质饲料。

(一) 植物性蛋白质饲料

1. 豆科类籽实及其副产品

包括大豆、蚕豆、豌豆及其豆渣、豆浆等豆科籽实类副产品。豆科类籽实中粗蛋白质含量丰富，一般占干物质的 20% ~ 40%；必需氨基酸如赖氨酸含量较高，因而蛋白质品质较好。大豆含能量较高，每千克含消化能 16. 74 兆焦以上。大豆因富含具有完全价值的蛋白质，因而成为肉羊理想的植物性蛋白质饲料。但因豆科类籽实中含有胰蛋白酶抑制素，可抑制动物对豆科类籽实中的蛋白质的消化和利用，因此，用豆科类籽实及其副产品饲喂肉羊时，应事先进行加热处理后熟喂，这样不仅可以破坏其胰蛋白酶抑制素，而且能增强其适口性，提高肉羊对其所含蛋白质的消化率和利用率。

2. 油饼类饲料

包括大豆饼、花生饼、菜籽饼和棉籽饼等。油饼类饲料的营养价值很高，粗蛋白含量达31%～40.8%，氨基酸组成也较完全，其粗蛋白的消化率和利用率均较高。

（1）大豆饼。油饼类饲料中数量最多的一类饲料，一般粗蛋白含量在40%以上，其中必需氨基酸的含量很高，是生物学价值最高的一种植物性蛋白质饲料。

（2）花生饼。营养价值较高，粗蛋白含量可达44%～47%。与大豆饼相比较，花生饼中的精氨酸含量较高，但其他必需氨基酸（特别是赖氨酸）缺乏，同时因其花生皮中的单宁含量较高，肉羊对花生饼的消化率较低，且花生饼易感染黄曲霉菌，导致花生饼较难以贮存。

（3）棉籽饼。粗蛋白含量仅次于大豆饼，蛋氨酸、色氨酸含量高于大豆饼，但缺乏赖氨酸、钙、维生素A和维生素D，且棉籽饼中还含有棉酚等有毒物质。

（4）菜籽饼。蛋白质含量为34%～38%，可消化蛋白占27.8%，赖氨酸含量丰富，烟酸含量也高于其他油饼类饲料。但菜籽饼中含有芥子苷等有毒物质。

在各类油饼类饲料中，花生饼可以单独饲喂肉羊，但要注意防止霉变；大豆饼用水浸泡后与其他青饲料、精饲料搭配饲喂肉羊，其饲喂效果甚好。用棉籽饼和菜籽饼饲喂肉羊时应事先进行脱毒处理，一般棉籽饼的脱毒方法是以煮沸法效果较好；菜籽饼的脱毒方法较多，一般养殖户可用坑埋法，但最好是使用生物脱毒法脱毒。棉籽饼和菜籽饼在饲喂肉羊的饲料中以配合用量不超过8%为宜。

（二）非蛋白质含氮饲料

尿素、双缩脲及某些铵盐均是目前广泛应用的非蛋白质含氮饲料，它们是简单的纯化学物质，对肉羊没有能量的营养效应。由于肉羊瘤胃中的微生物能有效地利用非蛋白氮合成易被消化吸收的菌体蛋白质，所以，非蛋白质含氮饲料对肉羊具有较高的营养价值。如1千克尿素加上6千克玉米，在瘤胃微生物的作用下，可产生相当于7千克左右豆粕的蛋白质营养。

非蛋白氮具有价格低、含氮量高、来源广的特点，既可混合于精饲料中（除氨水以外），也可与青贮饲料、干草混合后给肉羊饲喂，但使用量不可过大，一般成年羊每天可饲喂尿素10～15克。在给肉羊饲喂时，可将尿素均匀地混合在精饲料或切短的秸秆、干草中，但不可与含油脂较高的豆饼等混合饲喂，且在饲喂后不宜立即饮水，每天应将饲喂的尿素分2～3次喂给，严禁将尿素集中一次性给肉羊饲喂，避免给羊一次性饲喂尿素过多，造成尿素在羊的瘤胃中的浓度过大，分解氨过多而引起氨中毒。肉羊在饲喂添加有尿素的饲料时，其饲喂量应由少到多逐渐增加，以增强其瘤胃内微生物的适应能力和合成作用，一般肉羊在饲喂添加含有尿素饲料的适应时间以6～8周为宜。如将尿素添加在青贮饲料中，可提高青贮饲料中的蛋白质水平，一般每1 000千克青贮饲料的原料中添加尿素5～6千克，即先将溶于水中的尿素均匀地喷洒在青贮饲料的原料中，然后再装窖青贮即可。如果将尿素与糊化了的淀粉制作成颗粒饲料，则饲喂肉羊的效果更好。

而长期饲喂非蛋白氮的肉羊会影响其羊肉的风味，因此，育肥肉羊在屠宰前1个月左右应停止饲喂含有尿素的饲料。

二、矿物质饲料

肉羊常用的矿物质饲料主要有食盐、贝壳粉、蛋壳粉、石粉和磷酸氢钙等。这类饲料不含蛋白质和能量，只含有矿物质。具有刺激肉羊食欲、提高饲料适口性、补充钙和其他矿物质元素的作用。

对任何一只羊来讲，食盐是最需要补充的矿物质饲料，一般一只成年羊日需要食盐5～10克，但各种饲料原料的含盐量（主要是钠）均较少，尤其是牧草中的含钠量则更少，远远不能满足羊体生长发育的需要，因此，在饲喂肉羊时，必须给肉羊补充食盐，在一些高原的缺碘地区和北方地区养羊，最好应给肉羊补充硒碘盐。肉羊补盐的方法多种多样，常见的有饮水补盐、饲料补盐、自由啖盐和盐砖补盐等。

（一）饮水补盐

一般在肉羊的每千克饮水中加入食盐0.5～1克，并经溶解和搅拌均匀后让羊自由饮用。在春末和夏初，牧草幼嫩、水分含量较高，钠含量较低，而且羊的饮水量不大，可将肉羊饮水中的食盐添加量调整为每千克饮水中加入食盐1克左右；而在肉羊精饲料日饲喂量较大或粗饲料以青干草为主的舍饲条件下，则可将肉羊饮水中的食盐添加量调整为每千克饮水中加入食盐0.5克左右。

（二）饲料补盐

为了给肉羊补盐，通常可在补喂肉羊的配合饲料中加入1%～2%的食盐。而补喂肉羊饲料中的食盐添加量则取决于配合饲料的日饲喂量、饮水量和日粮组成。一般成年羊饲料中补盐的添加量应控制在0.5%左右，羔羊应控制在1%左右。

（三）自由啖盐

即将食盐单独放在专用盐槽内让肉羊自由舔食，即为所谓的“啖盐”。

（四）盐砖补盐

盐砖是以食盐为载体，添加钙、磷、碘、铜、锌、铁、硒等元素，经过一定的加工而成。使用时可将其吊挂在羊舍或运动场内，任羊自由舔食。

三、维生素补充饲料和饲料添加剂

（一）维生素补充饲料

维生素主要存在于青绿饲料中。在冬春季节，青饲料缺乏时，维生素不足，则严重影响肉羊的生长发育。胡萝卜、优质牧草、树叶和发芽饲料均含有大量的胡萝卜素和维生素E，可用作种公羊、泌乳母羊以及羔羊的维生素补充饲料，其饲喂效果很好。一般每只羊的日喂量以0.5～1千克为宜。

（二）饲料添加剂

通常为了满足肉羊的营养需要，完善其日粮的全价性，或者为了达到促进肉羊的生长发育、防止肉羊的某些疾病、减少肉羊的饲料在贮存期间的营养物质损失、改善肉品品质的目的，在肉羊的日粮中添加一些矿物质、维生素、生长促进剂或抗氧化剂等微量物质，这些添加的物质即为饲料添加剂。

肉羊的饲料添加剂可分为两大类，一类是对肉羊具有营养性，这类饲料添加剂主要包括矿物质添加剂和维生素添加剂；另一类是非营养性，这类添加剂主要包括生长促进剂、驱虫保健剂、化学防腐剂和调味剂等。肉羊常用饲料添加剂主要有以下几个品种。

1. 莫能菌素

又称为瘤胃素、莫能菌素钠、孟宁素。莫能菌素的作用是控制和提高肉羊瘤胃的发酵效率，提高其增重速度和饲料转化率。一般莫能菌素在肉羊日粮中的添加量为25～30毫克。使用时应充分搅拌均匀，且给肉羊的饲喂量应由少到多逐渐增加到规定的剂量。据饲喂试验，在肉羊饲料中添加莫能菌素，其日增重可比对照组提高16%～32%，饲料转化率提高3%～19%。

2. 矿物质添加剂

矿物质添加剂是育肥肉羊不可缺少的营养物质。养殖场（户）除了在肉羊日粮中添加当地常用的饲料添加剂以外，还应在羊舍或运动场内吊挂盐砖，任羊自由舔食，以补充肉羊钙、磷、碘、铜、锌、铁、硒等元素。

3. 抗菌促生长剂

常用的肉羊抗菌促生长剂有喹乙醇、杆菌肽锌。肉羊饲料中添加抗菌促生长剂，能够选择性地抑制致病性大肠杆菌，而不影响肉羊体内正常的菌落群，同时抗菌促生长剂还能影响肉羊机体的代谢，促进蛋白质的同化作用，从而促进肉羊的生长。一般肉羊每千克日粮干物质中喹乙醇的添加量为50～80毫克，杆菌肽锌的添加量为10～20毫克。在给肉羊添加抗菌促生长剂时，应充分搅拌均匀，且给肉羊的饲喂量应由少到多逐渐增加到规定的剂量。据饲喂试验，在羔羊饲料中添加喹乙醇，其羔羊的日增重可比对照组提高5%～10%，每千克增重可节省饲料6%左右。

4. 饲料缓冲剂

常用的肉羊饲料缓冲剂有碳酸氢钠和氧化镁。一般在肉羊实施强度育肥时，往往是将肉羊日粮中的精饲料比例加大，粗饲料的饲喂量适当地减少，在这种饲喂方式的情况下，其机体代谢会产生过多的酸性物质，造成肉羊胃肠对饲料的消化能力减弱，如在实施强度育肥的肉羊饲料中添加饲料缓冲剂，则可增加其肉羊瘤胃中的碱性蓄积，使瘤胃环境更适合于微生物的生长繁殖，并能增加肉羊的食欲，从而提高饲料的消化利用率。

在给肉羊添加饲料缓冲剂时，应将其均匀地搅拌于饲料中，且添加量应由少到多逐渐增加，以免突然增加饲喂量而造成肉羊的采食量下降。一般碳酸氢钠给肉羊的饲喂量为混合精饲料的1.5%～2%，或占整个日粮干物质的0.75%～1%；氧化镁给肉羊的饲喂量为混合精饲料的0.75%～1%，或占整个日粮干物质的0.3%～0.5%。据饲喂试验表明，在肉羊实施强度育肥时，用碳酸氢钠和氧化镁联合使用时则饲喂效果更好，其碳酸氢钠和氧化镁的饲喂比例以（2∶1）～（3∶1）为宜。

第四节　日粮配制

一、日粮的配合应注意以下几点

一是注意维生素A的补充。由于羊的瘤胃可以合成B族维生素和维生素K，体组织可以合成维生素D，而维生素A只能由青绿料中的胡萝卜素转化。恰恰舍饲羊的特点是全年舍饲不放牧、以干草为主，采食青绿料的数量少，而干饲料不含维生素A，这样舍饲羊最易缺乏的是维生素A。生产实践中，可利用人工种植优质牧草，青刈后补饲，也可秋后收获胡萝卜，冬季切碎喂羊，或以复谷维生素形式加入精料中。

二是注意钙磷的比例平衡。羊的Ca、P比例以（1.5∶1）～（2∶1）较合适。羊以食植物为生，在添加Ca、P时应计算这一部分的Ca、P供给量和比例，以免失衡，导致发生羊的尿结石症。

三是注意盐的补充和充足的饮水。盐是维持动物体液平衡的重要物质，以秸秆饲料为主的植物性饲料中含Na、Cl较少时，补充食盐（俗称啖盐）十分重要，啖盐方法是将食盐放入舍内小槽内或以复合营养舔砖形式，供羊只自由舔食。这样可以充分发挥食盐的调味和营养双重功效。羊每天需饮水2～3

次，特别是舍饲养羊更应该注意供给充足的饮水，以保证羊只生长和代谢的需要。

四是注意饲草、饲料的多样化。放牧饲养，羊吃百样草、各种营养齐全，并互相补充，舍饲养殖草料单调，营养容易失衡，因此要注意根据不同羊只品种特性合理搭配饲草饲料。

五是注意保证干物质的日摄入量。干物质的日摄入量是养羊的重要指标。舍饲羊只的草料完全依靠人供给，所以设计日粮时必须以干物质计算，以此来满足羊只的营养、饱腹和适口性的需要。喂量要以实际摄入量为准，应扣除槽头抛撒和不食部分。有些户主饲喂羊只不以干物质的摄入量为准，而是粗略估计羊只的喂量，不管水分含量多高向槽内一放了之，须知青绿饲料、青贮等3千克才折成风干重1千克。如体重50千克的母羊，在维持饲养或妊娠早期每日需采食干物质1.1千克左右，哺乳母羊还要增加20%～70%，双羔比单羔增加10%，这样计算，若喂饲青绿饲料，则需要3～5千克。若长期喂量欠缺造成羊只干物质日摄入量不足，羊处于半饥饿状态，无法满足营养需要，于是出现许多的异食癖，如吃毛、大量的舔食异物杂质等，由此引发羊的真胃毛球堵塞症。

二、不同羊只的参考饲料配方

1. 绵羊

（1）育肥羔羊精料配方。玉米60%、麸皮18%、豆饼7%、棉籽饼6%、花生饼5%、石粉1%、食盐1%、预混料1%。

（2）育成羊精料配方。玉米60%、麸皮20%、豆饼5%、棉籽饼8%、花生饼5%、石粉1.5%、食盐1%、预混料1%。

（3）怀孕母羊精料配方。玉米62%、麸皮12%、豆饼22%、食盐1%、预混料1%。

（4）种公羊精料配方。玉米58%、麸皮8%、豆饼28%、食盐1%、预混料1%。

2. 山羊

(1) 育肥羊精料配方。豆饼20%、麸皮20%、玉米60%、每100千克配合料加维生素AD_3粉50克、含硒微量元素200克。

(2) 绒山羊精料配方。豆饼15%、麸皮30%、玉米55%、每100千克配合料加维生素A、D_3粉50克、含硒微量元素200克。

(3) 种母羊精料配方。豆饼20%、麸皮25%、玉米粉55%、每100千克配合料加维生素AD_3粉50克，含硒微量元素200克。

(4) 育成羊、种公羊精料配方。豆饼25%、麸皮20%、玉米粉55%、每100千克配合料加维生素AD_3粉50克、含硒微量元素200克。

第五章　粗饲料的加工与调制

第一节　青干草的调制

青干草是指将青草或栽培青绿饲料在结籽前刈割，经一定方法干燥的制成品。制作良好的干草仍保持青绿色，故称青干草。

一、青干草的加工调制

青饲料水分含量高，细菌和霉菌容易生长繁殖而发生霉烂腐败，当水分含量降至14%～17%时，细菌、霉菌不能存活，从而达到长期保存的目的。

干草调制包括自然干燥和人工干燥两种。

（一）自然干燥法

自然干燥法不需要特殊设备，但受天气条件的影响比较大，与人工干燥法相比，效率较低、劳动强度大、制作的干草质量差、成本低。但我国目前采用较为普遍。

自然干燥法可分为地面干燥法、草架干燥法和发酵干燥法3种。

1. 地面干燥法

也叫田间干燥法。牧草刈割后，首先在原地或另选地势较高处晾晒4～6小时，此时茎开始凋萎，叶子柔软，不易脱落，水分含量降至40%～50%。然后用搂草机搂成松散的草垄，继续干燥，根据气候条件和牧草的含水量进行草条翻晒，使牧草水分降至35%～40%。在叶子开始脱落以前，用集草器集成0.5～1米高的草堆，保持草堆松散通风，经1.5～2天，牧草水分含量降至15%～18%，完成牧草的干燥。

在牧草干燥过程中，禾本科牧草叶片开始脱落时的含水量为22%～23%，豆科牧草为26%～28%，此时牧草全株的含水量在35%～40%。因此，为了避免和减少因叶片脱落造成营养损失，搂草和集草作业应在牧草水分不低于35%～40%时进行。

2. 草架干燥法

在潮湿多雨地区若采用地面干燥法，往往因气候条件的限制而达不到及时干燥的目的，易造成干草变褐、变黑、发霉或腐烂。因此，可采用草架干燥法来晒制干草。

草架干燥法需使用专门制作的干草架，主要有独木架、三脚架、铁丝长架和棚架等。将刈割后的牧草在地面上干燥0.5天或1天，使其水分降至45%～50%，无论天气好坏，都要及时用草杈将草自上而下置于干草架上，厚度不超过70厘米，保持蓬松，有一定斜度，以利采光和排水。

草架干燥可以大大提高牧草的干燥速度，保证干草品质，减少各种营养物质的损失。草架干燥的干草养分损失比地面干燥的减少5%～10%。

3. 发酵干燥法

在阴湿多雨地区，光照时间短，强度小，可采用发酵干燥法。

将刈割的牧草平铺，经过短时间的风干，当水分降低到50%时，分层堆积成3～5米高的草垛，逐层压实，表层用土或地膜覆盖，使牧草迅速发热。经2～3天，草垛内的温度上升到60～70℃，打开草垛，散热晾干，制成略具芳香酸味、肉羊喜食的褐色干草。褐色干草发酵过程，无氮浸出物的损失可达

40%，其养分的消化率也随之降低。

（二）人工干燥法

人工干燥可减少牧草自然干燥过程中营养物质的损失，保持牧草较高的营养价值。主要有常温鼓风干燥和高温快速干燥两种。

1. 常温鼓风干燥

可在室外露天堆贮场进行，也可在干草棚中进行。堆贮场和干草棚中需安装常温鼓风机。不论是散干草还是干草捆，经堆垛后，通过草堆中设置的栅栏通风道，用鼓风机强制吹入空气，达到干燥的目的。

常温鼓风干燥适于白昼、夜晚的相对湿度低于75%和温度高于15℃的地区使用。空气相对湿度高时，鼓风的空气应适当加温。采用干草棚常温鼓风干燥的牧草质量优于野外调制的干草。

2. 高温快速干燥

高温快速干燥是用烘干机将牧草水分快速蒸发的干燥方法。烘干机有入口温度高、出口温度低和入口温度低、出口温度高等不同类型。含水量80%～85%的新鲜牧草在烘干机内经数分钟，甚至几秒钟即可使水分下降到5%～10%，对牧草的营养物质含量及消化率几乎无影响。

二、青干草的品质鉴定

在青干草的加工和采购时，需要进行质量的判定和检验。青干草的品质鉴定方法如下。

（一）采样

从干草垛中按采样原则和要求采集样品和处理样品。

（二）品质鉴定

从以下4个方面进行青干草的品质鉴定。

1. 植物学成分分析

将样品中各种成分按豆科牧草、禾本科牧草、其他可食草、不可食草、有毒有害植物5类分别捡出，分别称重，计算出所占比例。

优质青干草中豆科及禾本科草所占比例较大，不可食草不超过5%（其中杂质不超过10%）；中等青干草中豆科及禾本科草所占比例较大，不可食草不超过10%；低劣青干草中除豆科及禾本科牧草外，其他可食草较多，不可食草不得超过15%（其中杂质不得超过30%）；任何青干草中有毒有害植物均不应超过1%。

2. 收割时期分析

样品中有花蕾（孕穗）出现，表示收割适时，品质优良；如有大量花序而尚无结籽，品质中等；如发现大量种子或已结实脱落，表示收割过晚，营养价值不高。

3. 颜色和气味检验

颜色和气味是青干草品质的重要感观指标，也是调制过程中操作质量的标志。优质青干草的颜色为鲜绿色，气味香；中等青干草为淡绿色或灰绿色，无异味；低劣青干草颜色微黄或深褐色甚至暗褐色，草上有白灰（粉化）或有霉味。

4. 含水量检测

取干草一束，先用肉眼观察，再用手揉折，鉴定其含水量。干燥者含水量在15%以下，用肉眼观察有相当数量的枝叶保存不完整，有的完全失去叶片和花果，干草中夹杂一些草屑，用手抖动草束，发出轻微声音并易折断；中等者含水量在15%～17%。用手扭折时草茎破裂，稍压有弹性而不断；较湿者含水量在17%以上，用手扭折时，草茎不易折断，并有水滴溢出。

5. 综合评定

对上述4项指标分别鉴定后，最后通过综合评定，确定干草的品质等级。

优质青干草：植物学组成鉴定指标为优等；颜色青绿，有光泽，气味芳香；在样品中有花蕾（原穗）出现；含水量在17%以下。

中等青干草：植物学组成鉴定指标为中等；颜色淡绿或灰绿，无异味；在样品中有大量花序但尚未结籽；含水量在17%左右。

低劣青干草：植物学组成鉴定为劣等；颜色微黄或淡褐、暗褐、有霉味；在样品中有大量种子或已结籽脱落；含水量高于17%。

凡有毒有害植物超过1%，杂质过多，颜色暗褐、发霉和变质的青干草不能饲用。

第二节　青贮饲料的制备

一、青贮饲料的营养特点

青贮饲料是指将新鲜的青刈饲料、饲草、野草等，进行适当地风干后，切短装入青贮塔、窖或塑料袋内，使其隔绝空气，经过乳酸菌的发酵，制成一种营养丰富的多汁饲料。经过发酵好的青贮饲料，基本上保持了青绿饲料的原有特点，有青草"罐头"之美称。因而，在肉羊的养殖生产上应大力提倡推广。青贮饲料具有如下特点。

（一）青绿鲜嫩

青贮饲料可以有效地保持青绿植物的青鲜状态，使肉羊在青绿饲料缺乏的漫长冬春枯草季节也能吃到青绿饲料。青贮原料经过切短和填埋，使其尽量地排除空气，做到了密封，这样就减少和制止了植物细胞的呼吸作用，为乳酸菌（厌氧菌）的生长发育和繁殖创造了适宜的环境。在乳酸菌的作用下，青贮原料内所含的糖分迅速分解并转化为乳酸，从而使青贮饲料内酸度提高，在 pH 值下降到 4.0 时，则抑制了所有微生物的生长繁殖，使青贮饲料不仅可以长期保存，而且还能够保持青绿植物的青鲜状态。

（二）营养价值高

青贮饲料可有效地保存青绿植物中的营养物质，其养分损失少，尤其是能有效地保存蛋白质和维生素（特别是胡萝卜素）。而一般青绿植物在成熟和晒干之后，由于失水，再加上叶片的脱落，其营养物质的损失为 30% ~50%，如果在贮存期间受到风吹、雨淋，导致发霉、腐败，其养分损失甚至会更大。若将青绿植物在青绿时期及时制成青贮饲料，其营养物质的损失一般不会超过 10%，品质良好的青贮饲料，其养分仅降低 3% 左右。如每千克青贮玉米中含粗蛋白 20 克、粗脂肪 8 ~10 克、粗纤维 59 ~67 克、无氮浸出物 41 ~114 克，其维生素含量也很丰富，其中含胡萝卜素 11 毫克、烟酸 10.4 毫克、维生素 C 75.7 毫克，同时还含有钙、铜、钴、锰、锌、铁等矿物质元素。此外，青绿植物在青贮过程中，由于微生物的作用还可使原本粗硬的秸秆如玉米秸和高粱秸以及某些野草的茎秆变软。同时，还可以增加青贮原料中维生素等营养成分，增加某些饲草的适口性，并降低有些饲草中的有害成分的含量和毒性，从而提高了整个饲料的营养价值。

（三）多汁且适口性好

青贮饲料一般含水量在 70% 左右，而干草的含水量仅有 15% 左右。经过青贮，不仅使得青绿植物的茎秆变得柔软，而且使青贮饲料具有酸香味，柔软多汁，增强其适口性，刺激肉羊的食欲，并刺激消化液分泌和胃肠的蠕动，提高青绿植物的消化率。因而青贮饲料是肉羊在冬春枯草季节良好的多汁饲料。

（四）消化率高

青贮饲料中不仅含有丰富的蛋白质、维生素、矿物质，而且鲜嫩多汁，含纤维素少，适口性强，易于咀嚼。以青贮饲料为主体的日粮饲喂肉羊，可以显著地提高其饲料的消化率，从而提高了日粮中总营养物质的消化率。因青贮饲料在羊胃内停留时间短，可减轻对羊前胃的压力，从而强化了肠道对饲料的消化能力。

（五）原料来源广

除了一些优良的牧草可以进行青贮外，一些肉羊平时不愿意采食或不能采食的野草、野菜、树叶等无毒的青绿植物，均可以采用青贮的方法变成肉羊良好的饲料。如马铃薯茎叶等具有特殊的气味，肉羊不喜欢采食，当青贮后，可变成酒糟味，其适口性大大地增强。

（六）经济实用

大力推广青贮饲料，是发展肉羊生产的重要技术措施。青绿植物和秸秆等经过青贮后，不仅能够很好地为养殖肉羊保存饲草，而且青贮饲料不怕火烧、雨淋、虫食和鼠咬，方便实用。经过一次贮存可以多年不坏，其贮存空间小，安全方便。

当然，制作青贮饲料需要有一定的设备，如青贮窖、塑料袋和加工机械，与田间晒制青干草和贮存青干草相比较，需要的成本相对较高，而且青贮饲料中的维生素 D 含量比晒干草要低得多。

二、青贮饲料的青贮设备

目前我国一般多采用青贮壕、青贮窖，也可采用塑料薄膜在地面上青贮。其青贮窖的窖型有地下式、半地下式和地上式多种。半地下式窖一般地下部分0.5米，地上部分1.5米。近年来，也有养殖场（户）将青贮原料堆放在水泥地面上，并堆成长方块的面包形，用双层塑料薄膜覆盖，封严四周，防止透气，尽可能创造厌氧环境，也取得了良好的青贮效果。因此，无论采用哪一种青贮方式，均要符合下列要求。

（1）地势高燥，土质坚实，窖底离地下水位在0.5米以上。

（2）窖的形状以长方形为最佳，要求窖壁光滑，窖口上大下小，且适当倾斜，四周应呈圆弧形，窖底平坦。

（3）建筑材料最好选择砖混结构，如果暂不具备条件时，也可选择土窖并在底部和四周铺垫塑料薄膜，尽可能避免青贮原料与土墙壁的接触。

三、青贮饲料的调制方法

（一）清理青贮设施

青贮设施在使用之前，应进行彻底的清理并晒干。

（二）青贮原料的选择

常见的青贮原料主要有玉米全株青贮（或甜高粱青贮）、玉米秸秆青贮、牧草青贮、混合饲草青贮和半干草青贮等。饲草适时收割是保证青贮原料质量最主要的因素之一，因此，选择饲草的适时收割时间，不仅要考虑饲草单位面积营养物质收获量的多少，而且要考虑饲草中的糖分和水分是否适宜于青贮。一般玉米全株青贮应在蜡熟期收割，禾本科牧草应在抽穗期收割，豆科牧草应在开花初期收割。其收割好的原料应及时运送到青贮现场予以青贮。

（三）青贮原料的切短

青贮原料在青贮前均应切短，一般肉羊用青贮原料应切短为3～5厘米，以利于青贮时的压实和青贮后肉羊的采食利用。

（四）调整青贮原料的含水量

一般测定青贮原料水分含量的简易方法是用手捏青贮原料，以指间水湿不滴水为宜。若青贮原料含水量过高，可适当地晾晒；若青贮原料含水量过低，可适当地加水后青贮。

（五）装窖

装窖前，应先在窖底铺垫10厘米左右厚的麦秸（如为土窖应铺垫塑料薄膜），原料在装窖时，应边装窖边压实，一般每装10～20厘米压实一次，在压实时，特别要注意压实窖的边缘和四周。如较大的青贮窖还可使用机械（如拖拉机）碾压。装窖时要保持青贮原料清洁，防止混进泥沙。

（六）封窖

当青贮原料装填到高出窖面1米左右后，可在上面盖上塑料薄膜或15～30厘米厚的麦秸，压紧，然后在上面压一层厚30厘米的湿土。经过发酵，当青贮原料下沉后，应随时用湿土填平。为了防止雨水浸入，青贮窖的周围应挖好排水沟。

第三节　秸秆饲料及其他粗饲料的调制与应用

凡每千克饲料的干物质中含消化能10.46兆焦以上，或蛋白质含量低于20%、粗纤维含量低于18%的饲料均属于此类饲料。主要包括谷物籽实类饲料和糠麸类饲料。能量饲料具有容易消化吸收、适口性好、粗纤维含量低且能量含量高、蛋白质含量适中、易于保存等特点，是肉羊热能的主要来源之一。能量饲料一般在肉羊精饲料中占60%～80%，而在夏秋季节饲喂肉羊时，其能量饲料的配合比例可以适当地低一些，在冬春季节饲喂肉羊时，则配合比例可以适当地高一些。

一、谷物籽实类饲料

（一）玉米

玉米是禾本科谷物籽实类饲料中淀粉含量最高的饲料，其70%左右为无氮浸出物，几乎全是淀粉，粗纤维含量极低。用玉米饲喂肉羊容易消化，其有机物的消化率达到90%左右。但玉米的缺点是蛋白质含量低，而且主要由生物学价值较低的玉米蛋白和谷蛋白组成，其胡萝卜素含量较低。所以，用玉米饲喂肉羊时，最好应搭配豆饼等其他蛋白质含量较高的饲料，并适当地补充钙质。如给肉羊过量地饲喂玉米，则可能引起羊瘤胃酸中毒。

（二）大麦

大麦是重要的谷物籽实类饲料之一，全世界的总产量仅次于小麦、大米和玉米，而居于谷物籽实类饲料的第四位。大麦粒（脱壳）含水分11%、粗蛋白11%、粗脂肪12%、粗纤维6%、粗灰分3%。大麦中的蛋白质含量高于玉米，且大部分氨基酸（除蛋氨酸、甲硫氨酸外）均高于玉米，但利用率比玉米低。由于大麦的外皮中含有一定量的单宁，因此具有酸涩味。大麦中的热能含量不及玉米，而且非淀粉多聚糖（NSP）总量达16.7%左右（其中水溶性多聚糖为4.5%左右），由于水溶性多聚糖具有黏性，可减缓羊消化道中消化酶及其底物的扩散速度，并阻止其相互作用，降低底物的消化率，同时也阻碍可消化养分接近小肠黏膜表面，影响其吸收。因此，大麦用作肉羊的饲料时，以不超过日粮总量的20%为宜，而且应与其他谷物籽实类饲料合理搭配使用。

（三）小麦

小麦的营养价值与玉米相似，全粒中粗蛋白含量为14%左右，最高可达到16%，粗纤维含量为1.9%，无氮浸出物含量为67.6%。小麦中虽然也含有11.4%的多聚糖，水溶性多聚糖为2.4%，但其黏度低于大麦。因此压扁的小麦可代替肉羊精饲料中50%以上的玉米。

（四）高粱

高粱亦属于禾本科类植物籽实，高粱和玉米间有很高的替代性，高粱籽实所含养分以淀粉为主，占65.9%～77.4%，蛋白含量8.4%～14.5%，略高于玉米，粗脂肪含量较低，为2.4%～5.5%。与谷物籽实类饲料相比较，高粱的营养价值较低，其主要表现在蛋白质含量较低，赖氨酸含量一般只有2.18%左右。高粱因含有带苦味的单宁，使得蛋白质及其氨基酸的利用率受到了一定的影响，但不同高粱品种的单宁含量有明显的差异，一般白色杂交高粱的颖壳和籽实易于分离，单宁含量较低，其质量明显优于褐色高粱。褐色高粱的单宁含量高达1.34%左右，是白色杂交高粱的23倍左右，而且颖壳和籽实包得很紧，味苦，适口性差，饲喂肉羊后容易引起便秘，因此，褐色高粱很少用于饲喂肉羊。

（五）燕麦

燕麦的营养价值低于玉米，虽然燕麦中的蛋白质含量较高（9%～11%），且富含B族维生素，但其燕麦中的粗纤维含量高达13%左右，能量含量较低，脂溶性维生素和矿物质含量也较少。因此，燕麦用作肉羊的饲料时，则以不超过日粮总量的20%为宜，而且应与其他谷物籽实类饲料合理搭配使用。

二、糠麸类饲料

（一）麸皮

麸皮通常是指小麦麸。小麦麸的营养价值是随小麦出粉率的高低而变化的，平均含粗蛋白15.7%、粗纤维8.9%、粗脂肪3.9%、总磷0.92%。麸皮质地疏松，容积大，具有轻泻作用，是母羊产前和产后的优良饲料。

（二）米糠

米糠通常是指大米糠。米糠中粗蛋白含量为12.8%、粗脂肪16.5%、粗纤维5.7%，是一种蛋白质含量较高的能量饲料。但米糠中蛋白质品质较差，除赖氨酸外，其他必需氨基酸含量均较低。米糠中磷多钙少，且其植物磷占其总磷的80%以上，米糠中不饱和脂肪酸含量较高，易于氧化变质，不宜长期贮存。

（三）玉米糠

玉米糠通常是指玉米皮，是玉米制粉过程中的副产品，主要包括玉米的外皮、胚、种脐和少量的胚乳。玉米糠中的粗蛋白含量为9.9%、粗纤维9.5%，磷多（0.48%）钙少（0.08%）。玉米糠质地蓬松，吸水性强，如肉羊干喂后饮水不足，则容易引起羊便秘，因此，用玉米糠饲喂肉羊时应加水湿拌。一般肉羊配合饲料中的推荐用量以10%~15%为宜。

三、籽实饲料的加工调制

（一）粉碎

籽实饲料虽然可以直接饲喂肉羊，但直接饲喂其消化率低，特别是籽实饲料的外皮，羊则更不易消化，如给羊直接饲喂则会导致籽实饲料的极大浪费。而籽实饲料经过粉碎后，不仅有利于羊的咀嚼，而且籽实饲料经过粉碎后其表面积可大大地增大，有利于与消化液的接触，从而提高了羊对籽实饲料的消化率，但饲喂肉羊的籽实饲料也不可粉碎得过细，如籽实饲料粉碎得过细，反而会导致羊咀嚼不充分，唾液混合不均匀，同时还会影响羊的反刍，从而会影响饲料的消化率，严重时，还会导致羊发生瘤胃迟缓或真胃迟缓。如用小麦和大麦籽实给肉羊饲喂时，则以压扁后饲喂为宜。

（二）蒸煮和焙炒

豆科类籽实饲料粗蛋白含量丰富，但其含有胰蛋白酶抑制素，可抑制动物对豆科类籽实饲料中蛋白质的消化和利用，对豆科类籽实饲料进行蒸煮和焙炒后，可破坏其胰蛋白酶抑制素的作用，提高豆科类籽实饲料的消化率和适口性；禾本科类籽实饲料淀粉含量较多，对禾本科类籽实饲料进行蒸煮和焙炒后，可使禾本科类籽实饲料中的部分淀粉糖化，并转变成糊精，且产生香味，有利于肉羊的消化。

（三）发芽

籽实饲料经发芽后，可作为肉羊的维生素补充饲料，在生产实践中运用最广泛的是以大麦等禾本科类籽实为原料而制作的发芽饲料。其发芽饲料的制作方法如下。

先将籽实饲料用15℃左右的温水或冷水浸泡12～24小时，待幼芽即将突破种皮时，将其捞出摊放在木盘或细筛内，厚3～5厘米，上面覆盖湿润的麻袋或草席，并经常喷洒清水以保持湿润，其发芽饲料的制作时间常因发芽时的室温高低和发芽饲料的生长快慢而决定，如在20～25℃的室温条件下，一般经过5～8天即可制作成羊用发芽饲料。若养殖场（户）因养殖肉羊需要制作大量的发芽饲料，可使用制作发芽饲料的专用木盘和木架，以利于提高制作籽实发芽饲料的生产效率。

（四）制作颗粒饲料

颗粒饲料是根据肉羊的营养需要，按照一定的饲料配比搭配，并将其原料进行粉碎后，经过充分混合均匀，再经过压缩机加工而成。颗粒饲料也是肉羊的一种全价配合饲料，不仅具有饲喂方便、适口性好、营养全面、可减少饲料浪费等优点，而且羊采食后，咀嚼时间长，有利于消化吸收。颗粒饲料可以直接饲喂肉羊，尤其适合于饲喂羔羊。

第六章　饲养管理

第一节　种公羊的饲养管理

种公羊饲养管理是否合理科学，对羊群的繁殖、生产水平的提高有直接的影响，生产中必须加强对种公羊的饲养管理，保证羊只均衡的营养状况，力求常年健壮，提高种公羊的利用价值，使生产正常进行。

一、营养特点

种公羊的营养应维持在较高的水平，以使其常年精力充沛，保持中等以上膘情；配种季节前后，应加强种公羊的营养，保持中上等体况，使其性欲旺盛，配种能力强，精液品质好，充分发挥作用。种公羊精液中含高质量的蛋白质，绝大部分直接来自于饲料，因此种公羊日粮中应有足量的蛋白质。另外，还要注意脂肪，维生素 A、维生素 E 及钙、磷等矿物质的补充。秋冬季节种公羊性欲比较旺盛，精液品质好；春夏季节种公羊性欲减弱，食欲逐渐增强，这个阶段应有意识地加强种公羊的饲养，使其体况恢复，精力充沛。配种期种公羊性欲强烈，食欲下降，很难补充身体消耗，只有尽早加强饲养，才能保证配种季节种公羊性欲旺盛，精液品质好，圆满完成配种任务。

二、饲料

（一）非配种期

种公羊非配种期的饲养以恢复和保持其良好的种用体况为

目的。配种结束后，种公羊的体况都有不同程度的下降。为使种公羊体况尽快恢复，在配种刚结束的 1 ~ 2 个月内，种公羊的日粮应与配种期基本一致，但对日粮的组成可作适当调整，加大优质青干草或青绿多汁饲料的比例，并根据体况的恢复情况，逐渐转为饲喂非配种期的日粮。

绵羊、山羊品种的繁殖季节大多集中在 9—11 月，非配种期较长。在冬季，种公羊的饲养保持较高的营养水平，既有利于其体况恢复，又能保证其安全越冬度春。要做到精粗饲料合理搭配，补喂适量青绿多汁饲料（或青贮料）。在精料中应补充一定的矿物质微量元素，每天混合精料的用量不低于 0.5 千克，优质干草 2 ~ 3 千克，多汁饲料 1.0 ~ 1.5 千克，胡萝卜 0.5 千克。常年补饲食盐，食盐 5 ~ 10 克。夜间适当添加青干草 1.0 ~ 1.5 千克，坚持放牧和运动。夏季以放牧为主，适当补饲精料。采用高频繁殖生产体系时，公羊的利用率更高。因此，种公羊全年均衡的营养供给和科学的饲养十分重要，配种前的公羊体重比进入配种期时要高 10% ~15% 。

种公羊非配种期精料配方：玉米 54.7% ，麸皮 12% ，豆粕 13.2% ，生物饲料 12% ，磷酸钙 1% ，石粉 1.2% ，食盐 1.3% ，碳酸氢钠 1% ，电解多维 0.1% ，预混料 1% 。

（二）配种期

（1）预备配种期。指配种前 40 ~ 45 天。这一时期日粮营养水平应逐步提高，到配种开始达到标准。日粮体积不能过大，以免形成草腹，影响配种或采精。在放牧的同时，应给公羊补饲富含蛋白质、矿物质、维生素等营养丰富的日粮。日粮应由公羊喜食的、品质好的多种饲料组成，其补饲量应根据种公羊的体重、膘情与采食次数决定，一般每日补饲混合精料 0.4 ~ 0.6 千克、苜蓿干草或青干草 3 千克、胡萝卜 0.5 千克、食盐 5 ~ 10 克标准饲喂，胡萝卜须切碎之后再喂，精料每天分 2 ~ 3

次饲喂，饮水每天3～4次。有条件者还可根据种公羊的利用情况喂给牛奶或鸡蛋等。可每天让种公羊饮食新鲜牛奶0.5～1.0千克或灌服（或拌料）鸡蛋2～3枚。

（2）正式配种期。种公羊在配种期内要消耗大量的养分和体力，日粮要求营养丰富全面，体积小，适口性好，易消化。因配种任务或采精次数不同，不同种公羊个体对营养的需要量相差很大。因此，要依据公羊的体况和精液品质及时调整日粮。一般对于体重80～90千克的种公羊，每天饲料定额为混合精料1.2～1.4千克，苜蓿干草或野干草2千克，胡萝卜0.5～1.5千克，食盐15～20克。对于配种任务繁重的优秀种公羊，每天应补饲1.5～2.0千克的混合精料，以保持其良好的精液品质。

种公羊配种期精料配方：玉米50%，麸皮9%，豆粕20%，生物饲料6%，磷酸钙1%，石粉0.3%，食盐1.6%，碳酸氢钠1%，电解多维0.1%，预混料1%。

在配种期，配好的精料要均匀地撒在食槽内，经常观察种公羊食欲的好坏，以便及时调整饲料，判别种公羊的健康状况。种公羊要远离母羊，否则，母羊的鸣叫及发出的气味易被公羊嗅到或听到，影响种公羊的正常生活。

三、管理

管理上必须选派责任心强，有放牧经验的牧工担任。种公羊要与母羊分群饲养，以避免发生偷配，造成系谱不清、乱交滥配、近亲繁殖等现象的发生。种公羊必须给予多样化的饲草饲料，配种期的日粮应按种公羊日粮标准供应，使种公羊保持良好的体质、旺盛的性欲以及正常的采精配种能力。种公羊圈舍要求宽敞、清洁、干燥，并有充足的光线，必要时应添设照明设备。放牧阶段，每天要保证充足的运动量，每天安排4～6小时的放牧运动。常年放牧条件下，应选择优良的天然牧场或人工草场放牧种公羊；舍饲羊场，在提供优质全价日粮的基础上，种公羊配种采精要适度，配种比例为（1∶30）~（1∶50）。

四、饲养管理技术规程

（1）种公羊舍应坚固、宽敞、通风良好，保持舍内环境卫生良好。

（2）管理种公羊应固定专人，不可随意更换。应注意防止公羊互相争斗，定期对公羊进行健康检查。

（3）种公羊在非配种期以放牧为主，适量补饲；冬春舍饲应供给多样化的饲草料与多汁饲料。

（4）在配种开始前 1 个月应做好采精公羊的排精、精液品质检查和对初次参加配种公羊的调教工作。

（5）配种开始前 45 天起，逐渐增加日粮中蛋白质、维生素、矿物质和能量饲料的含量。

（6）配种期要保证种公羊每天能采食到足量的新鲜牧草，并按配种期的营养标准补给营养丰富的精料和多汁饲料。

（7）配种期种公羊除放牧外，每天早晚应缓慢驱赶运动各 1 次，在放牧与运动时应远离母羊群。

（8）定期检查种公羊，保证公羊精神状态良好、性欲强，要做好驱虫、防疫和健胃工作，发现病羊应及时治疗。

第二节　繁殖母羊的饲养管理

对繁殖母羊，要求保持较高的营养水平，以达到实现多胎、多产、多壮的目的。母羊饲养分空怀期、妊娠期和哺乳期 3 个阶段。

一、空怀期

空怀期的饲养任务是恢复母羊体况，增加体重，补偿哺乳期消耗。由于各地产羔季节不同，母羊空怀季节也有差异。我国北方地区产冬羔的母羊一般5—7月为空怀期；产春羔的母羊一般8—10月为空怀期。此阶段饲养以粗饲料为主，延长饲喂时间，每天饲喂3次，并适当补饲精料。空怀母羊这个时期已停止泌乳，但为了维持正常的生理需要，必须从饲料中吸收满足最低营养需要量的营养物质。空怀母羊需要的风干饲料为体重的2.4%～2.6%。管理上重点应注意观察母羊的发情状况，做好发情鉴定，及时配种，以免影响母羊的繁殖。

在空怀前期，有条件的地区放牧即可，无条件放牧的区域采取放牧加补饲。其日粮的标准为：混合精料0.2～0.3千克，干草0.3～0.5千克，秸秆0.5～0.7千克。配种前1～1.5个月进行短期优饲，增加优质干草、混合精料，提高母羊配种时的体况，以达到发情整体、受胎率高、产羔整齐、产羔数多。为保证种母羊在配种季节发情整齐、缩短配种期、增加排卵数和提高受胎率，在配种前2～3周，除保证青饲草的供应、适当喂盐、满足饮水外，还要对繁殖母羊进行短期补饲，每只每天喂混合精料0.2～0.4千克，这样做有明显的催情效果。

二、妊娠期

母羊在配种后17～20天内不发情，表明其已受胎妊娠。妊娠期分为妊娠前期和妊娠后期，此阶段的饲养管理对胎儿的生长及羔羊的初生重、健康状况和羔羊成活率都相当重要。

（一）饲养

（1）妊娠前期。妊娠前期是指母羊妊娠的前3个月。此时多为秋、冬季节，胎儿生长发育较慢，重量仅占羔羊初生重的10%。尤其母羊怀孕第1个月，受精卵在未形成胎盘之前，很容易受外界饲喂条件的影响，例如，喂给母羊变质、发霉或有毒的饲料，容易引起胚胎早期死亡，母羊的日粮营养不全面，缺乏蛋白质、维生素和矿物质等，也可能引起受精卵中途停止发育，所以母羊怀孕第 1 个月左右的饲养管理是保证胎儿正常生长发育的关键时期。此时胎儿尚小，母羊所需的营养物质虽要求不高，但必须营养全面。妊娠前期母羊对粗饲料的消化能力较强，只要搞好放牧，维持母羊处于配种时的体况即可满足其营养需要。进入枯草季节后，为满足胎儿生长发育和组织器官分化对营养物质的需要，应适当补饲一定量的优质青干草、青贮饲料等。日粮可由 50% 的优质青干草，35% 的玉米秸秆或青贮饲料，15% 混合精料组成。维生素、微量元素适量，自由舔食盐砖。

（2）妊娠后期。妊娠后期是指母羊妊娠的后 2 个月。这时胎儿生长发育快，约为初生重的 90%。妊娠第 4 个月，胎儿平均日增重 40 ~50 克；妊娠第 5 个月日增重高达 120 ~150 克，且骨骼已有大量的钙、磷沉积。母羊妊娠的最后 1/3 时期，对营养物质的需要增加 40% ~60%，钙、磷的需要增加 1 ~2 倍。此外，母羊自身也需贮备营养，为产后泌乳做准备。如果营养不足，不但羔羊初生重小，抵抗力弱，成活率低，而且母羊体质差，泌乳量低。因此，母羊在妊娠前期的基础上，能量和可消化粗蛋白可分别提高 20% ~30% 和 40% ~60%，日粮的精料比例提高到 20% ~30%。在产前 1 周，要适当减少精料的喂量，以免胎儿体重过大，造成难产。如果该时期正值枯草季节，除放牧以外，每只羊每日补饲青干草 1.5 ~2.0 千克，青贮饲料 1.0 ~1.5 千克，混合精料 0.4 ~0.6 千克，产双羔或三羔的母羊再增加 0.2 ~0.3 千克精饲料，胡萝卜 0.5 千克，食盐 10.0 克。产前 10 天左右多喂一些多汁饲料，以促进乳汁分泌。

（二）管理

（1）做好防流保胎工作。饲草、饲料一定要优良，严禁饲喂冰冻、发霉、变质和霉变的饲草饲料。每天要密切注意羊只状态，强调“稳、慢”，羊只进出圈舍要平稳、严防拥挤，不驱赶、不惊吓，防止争斗，不跨沟坎，不让羊走冰滑地，抓羊、堵羊和其他操作时要轻。羊圈面积要适宜，每只羊在 2～2.5 平方米为宜，防止过于拥挤或由于争斗而产生顶伤、挤伤等机械伤害，造成流产。

母羊妊娠后期仍可以放牧，但要选择平坦开阔的牧场，保持一定的运动，有利于胎儿的生长，产羔时不易发生难产，出牧、归牧不能紧迫急赶。

（2）保证清洁的饮水。不饮冰冻水、变质水和污染水，最好饮井水，可在水槽中撒些玉米面、豆面，以增加羊只饮水欲。

（3）做好防寒工作。秋、冬季节逐渐下降，一定要封好羊舍的门窗和排风洞，防止贼风，以降低能量消耗。

母羊产前 2 周左右，应适当控制粗料的饲喂量，尽可能喂些质地柔软的饲料，如氨化、微贮或盐化秸秆以及青绿多汁饲料，精料中要增加麸皮喂量，以利于通肠利便。母羊分娩前 7 天左右，应根据母羊的消化、食欲状况，减少饲料的喂量。

产前 2～3 天，若母羊体质好，乳房膨胀并伴有腹下水肿，应从原日粮中减少 1/3～1/2 的饲料喂量，产羔当天不给母羊喂精料，喂易消化的青草或干草，饮温热的麸皮水，加放一些食盐和红糖，以防母羊分娩初期乳量过多或乳汁过浓而引起母羊乳腺炎、回乳和羔羊消化不良而下痢；对于比较瘦弱的母羊，如若产前 1 周乳房干瘪，除减少粗料喂量外，还应适当增加豆饼、豆浆或豆渣等富含蛋白质的催乳饲料，以及青绿多汁的饲料，以防母羊产后缺奶。母羊产后逐渐增加精料喂量，10～14 天增到最大喂量。

三、哺乳期

（一）饲养

母羊产羔后进入哺乳期，哺乳期为 3～4 个月。生产中，将哺乳期划分为哺乳前期和哺乳后期。哺乳前期是羔羊生后的最初 2 个月，此时，母乳是羔羊的主要营养物质，尤其是出生后 15 ~20 天内，几乎是唯一的营养物质，测定表明，羔羊每增重 1 千克需哺乳 5 ~6 千克，因此，这一阶段的主要任务是保证母羊有充足的乳汁。为保证母羊的母乳力，除放牧外，必须补饲青干草、多汁饲料和精饲料。产单羔的母羊每天补饲混合精料 0. 3 ~0. 5 千克，产双羔的母羊和高产母羊每天补给混合精料 0. 5 ~0. 7 千克，产单、双羔母羊均补饲优质干草 3 ~3. 5 千克，胡萝卜 1. 5 千克。冬季尤其要补饲多汁饲料。

哺乳期母羊精料配方：玉米 53. 2% ，麸皮 8% ，豆粕 6% ，棉籽粕 12% ，生物饲料 14% ，磷酸氢钙 1% ，石粉 1. 2% ，食盐 2% ，碳酸氢钠 1. 2% ，电解多维 0. 1% ，预混料 1% 。

哺乳后期母羊的泌乳能力逐渐下降，即使加强补饲，也很难达到哺乳前期的泌乳水平，而且羔羊的瘤胃功能已趋于完善，能采食一定的青草和粉碎的饲料，对母乳的依赖程度减小，饲养上应注意恢复母羊体况和为下一次配种做准备。因此，对母羊可逐渐降低补饲标准，一般混合精料可降至 0. 3 ~0. 4 千克，青干草 1. 0 ~2. 0 千克，胡萝卜 1. 0 千克。羔羊断奶前几天，要减少多汁饲料和混合精料的喂量，以免发生乳腺炎。

（二）管理

对产后母羊的护理应注意保暖、防潮、避免伤风感冒，要保持圈舍卫生干燥、清洁和安静。产羔后 1 小时左右，应给母羊饮 1. 0 ~1. 5 升温水或豆浆水，切忌饮冷水。同时要喂给优质干草，前 3 天尽量不喂精饲料，以免引发乳腺炎。饲喂精饲料时，要由少到多逐渐增多。随着母羊初乳阶段的结束，精料量和青饲料可逐渐增至预定量。经过助产的母羊，要向子宫注入适量的抗生素，对难产的母羊要精心的治疗。

早春时节天气仍然寒冷，对产羔舍要采取保温措施，不能有贼风侵入，舍内地上要垫上清洁柔软的垫料。产羔舍在母羊未进入前要彻底消毒，以后每隔 5 天用消毒剂喷洒 1 次。临产的母羊要提前 1 ~ 2 周进入产房。产前 20 天必须喂低钙日粮，日粮中的钙含量以 0.2% 为宜，产后立即增到 0.8%，可防止母羊产后瘫痪。产前 5 ~ 6 天给母羊注射维生素 D 也能有效预防产后瘫痪。产后立即注射催产素 5 ~ 10 国际单位、产后康 2 支，预防产褥热、乳腺炎、子宫炎的发生，促进母羊子宫早日复原，尽早发情配种。也可灌服益母草汤。

产后 30 天进行有关疫苗的预防注射。配种前驱虫，有利于母羊怀孕，防止由寄生虫引起流产。

四、母羊饲养管理技术规范

（1）母羊应安排到牧草丰茂的草场放牧，以使其迅速增膘，保证配种时达到良好的体况。若草场条件差，配种前应适当补饲一定量的精料，补饲量一般为 0.2 ~ 0.3 千克。

（2）配种前应做好免疫、健胃等工作，应调整好母羊群，及时淘汰老弱病残的个体，补充优秀的后备母羊。

（3）已配与未配母羊应分群饲养，加强未配母羊的放牧和试情，防止遗漏发情母羊而错失配种时机。

（4）妊娠母羊在妊娠前期（前 13 周）以放牧为主，妊娠后期（后 8 周）应采取放牧加补饲或全舍饲饲养。

（5）母羊妊娠期应做好保胎工作，妊娠母羊圈门要宽大，防拥挤、防急行、防滑跌、防跳沟、防惊群，禁止饮冰渣水，禁喂发霉变质的饲草料。

（6）母羊产羔前应修剪后腿内侧及乳房周围的羊毛，对难产母羊、体弱母羊应做好人工助产，产后要经常检查乳房和外阴户，及时治疗病变。

（7）哺乳母羊一般采取舍饲或就近放牧，除供给足量的精料外，应尽可能补饲多汁饲料或青贮饲料，保证充足的饮水，以增加泌乳量。

（8）母羊舍应保持干燥、卫生，定期或不定期消毒。

（9）要经常仔细、认真观察羊只的精神状态、采食饮水、粪便颜色等，发现病变应及时治疗。

第三节　羔羊的饲养及育肥管理

一、生长发育特点

（一）生长发育快

羔羊从出生至 4 月龄断奶的哺乳期内，生长发育迅速，所需要的营养物质多，特别是对蛋白质的要求更高。羔羊生后 1 个月内生长速度较快，肉用品种羔羊的平均日增重在 300 克以上。

（二）适应能力差

哺乳期的羔羊由胎生到独立生活的过渡阶段，从母体环境转到自然环境中生活，其生存环境发生了根本性的改变。此阶段羔羊的各个组织器官功能尚未健全，如生后 1 ~ 2 周内羔羊调节体温的机能发育不完善，皮肤保护机能差，神经反射迟钝，特别是消化道的黏膜容易受细菌的侵袭而引起消化道疾病。

（三）可塑性强

羔羊在哺乳阶段可塑性强。当外部环境发生变化时可引起羔羊机体相应的变化，容易受外界条件的影响而发生变异，这对羔羊的定向培育具有重要意义。

二、饲养与育肥

（一）早吃初乳，吃好常乳

羔羊产后应尽早吃到初乳，初乳是母羊分娩后 3 ~ 5 天内分泌的乳汁，颜色微黄，比较浓稠，营养十分丰富，含有丰富的蛋白质（17% ~23%）、脂肪（9% ~16%）、矿物质等营养物质和抗体，尽早吃到初乳能增强体质，提高抗病能力，并有利于胎粪的排出。

羔羊出生后10分钟左右就可自行站立，寻找母羊乳头，自行吮乳。5天后进入常乳阶段，常乳是羔羊哺乳期营养物质的主要来源，尤其在生后第1个月，营养全靠母乳供应，羔羊哺乳的次数因日龄不同而有所区别，1 ~7日龄每天自由哺乳，7 ~15日龄每天饲喂6 ~7次，15 ~30日龄4 ~5次，30 ~60日龄3次，60日龄至断乳1 ~2次。每次哺乳应保证羔羊吃足吃饱，吃饱奶的羔羊表现为精神状态良好、背腰直、毛色光亮、生长快，缺乳的羔羊则表现为被毛蓬松、腹部扁、精神状态差、拱腰、时时鸣叫等。

（二）做好孤羔和缺乳羔羊的寄养或人工哺乳

若母羊产后死亡或泌乳量过低，则应进行寄养或人工哺乳。寄养选择保姆羊时，应选择营养状况良好、健康、泌乳性能好、产单羔的母羊。由于母羊嗅觉灵敏，拒绝性强，所以应采取相应的措施保证寄养顺利完成，一般将保姆羊的乳汁涂在羔羊身上，使母羊难以识别。寄养最好安排在夜间进行。

若羊场找不到合适的保姆羊，需进行人工哺乳。人工哺乳的关键是代乳品、新鲜牛奶等的选择和饲喂。

（1）代乳品。选择代乳品时应具有以下特点：营养价值接近羊奶，消化紊乱少；消化利用率高；配制混合容易；添加成分悬浮良好。对于条件好的羊场或养殖户，可自行配制人工合成奶类，其主要成分为脱脂奶粉60%，还含有脂肪干酪素、乳糖、面粉、玉米淀粉、食盐、磷酸钙和硫酸镁。

（2）新鲜牛奶。选用新鲜牛奶，要求定时、定温、定质，奶温35 ~39℃，初生羔羊每天哺乳4 ~5次，每次喂100 ~150

毫升，以后酌情决定哺乳量，逐渐减少哺乳次数。哺乳初期采用有乳嘴的奶瓶进行哺乳，防止乳汁进入瘤胃异常发酵而引起疾病，同时，严格控制哺乳卫生条件。

（三）尽早训练，抓好补饲

羔羊生后 10～40 天，应给羔羊补喂优质的饲草和饲料，一方面使羔羊获得更加完全的营养物质；另一方面通过训练采食，可以促进羔羊瘤胃消化机能的完善，提高采食消化能力。羔羊生后 10～15 天，即可训练采食干草，其方法是将干草悬吊，投以香料（将豆饼炒熟）诱食。20 日龄左右可训练采食混合精料。为防止浪费，应注意喂量，少给勤添，羔羊补饲精料最好在补饲栏中进行，羔羊一般每天每只喂给精料量为：15～30 日龄 50～75 克，1～2 月龄 100～150 克，2～3 月龄 200～250 克，3～4 月龄 250～300 克。混合精料以黑豆、黄豆、豆饼、玉米等最好，干草以苜蓿干草、青野干草等为宜。另外，在精料中拌一定量食盐（1～2 克/天）为佳。从 30 日龄起，可用切碎的胡萝卜混合饲喂。

三、早期断奶技术

（一）时间的选择

羔羊早期断奶缩短了母羊的繁殖周期，打破了传统的季节产羔，推进了密集产羔体系的发展。羔羊早期断奶的时间一般在 40～60 日龄进行断奶。

（二）操作技术

（1）饲料的选择。不论是开食料，还是早期的补饲饲料，必须根据哺乳羔羊消化生理特点和对营养物质的需求，选择好的饲料，其选择标准：一是饲料的适口性要好，容易消化吸收；二是营养价值高，保证羔羊生长发育的需要，特别是能量和蛋白质；三是补饲饲料成本低，饲料形状最好以颗粒饲料为主。饲料配合时应注意蛋白质水平不低于15%，饲喂颗粒饲料可加大采食量，提高日增重，颗粒直径为0.4～0.6厘米，日粮中应添加维生素，每100千克日粮按4克计量。

（2）补饲方法。在母羊圈舍内放置一个羔羊补饲栏，栏板间距以进出一只羔羊为标准，补饲栏内设料槽和水槽，每天将羔羊补饲饲料放置其中，羔羊可自由出入，自由采食。这样，既保证羔羊在补饲栏内可采食到补饲饲料，又可在栏外吃到母乳，满足羔羊生长发育所需营养，加快羔羊的生长速度。早期隔栏补饲一般在羔羊出生后7～10日龄开始进行诱食，待羔羊能够习惯采食补饲饲料后，补饲饲料量可由最初的每只每天50克左右逐渐增加至2月龄的350～400克。

四、管理

羔羊的管理一般分为2种：一是母子分群，定时哺乳，羊舍内培育，即白天母子分群，羔羊留在舍内饲养，每天定时哺乳，羔羊在舍内养到1月龄左右时单独放出运动；二是母子不分群，在一起饲养。羔羊20日龄以后，母子可合群放出运动。圈舍要保持干燥、卫生、保暖，勤换垫草，舍内温度保持在5℃以上，防止肺炎、下痢等疾病的发生，并注意观察羔羊的哺乳、精神状态及粪便，发现患病应及时隔离治疗。

第四节　育成羊的饲养管理

一、选羊与分群

要选择膘情中等、身体健康、牙齿好的羊只育肥，淘汰膘情很好和极差的羊。挑选出来的羊应按体重大小和体质状况分群，一般把相近情况的羊放在同一群育肥，避免因强弱争食造成较大的个体差异。

二、准备工作

育肥前，应对羊只进行全面健康检查，凡病羊均应治愈后育肥。过老、采食困难的羊只不宜育肥，淘汰公羊应在育肥前10天左右去势。育肥羊在进入育肥前应注射肠毒血症三联苗，并进行驱虫，同时在圈内设置足够的水槽和料槽，并进行环境（羊舍及运动场）清洁与消毒。

三、育肥技术

（一）育肥时间

成年羊的整个育肥期可分为预饲期（15 天）、正式育肥期（30～50 天）和出栏期 3 个阶段。

（1）预饲期。主要任务是让羊只适应新的环境和适应饲料、饲养方式的转变，并完成健康检查、注射疫苗、驱虫、分群、灭癣等生产操作，预饲期以粗饲料为主，适当搭配精饲料，并逐渐将精饲料的比例提高到40%～50%。

（2）正式育肥期。精料的比例可提高到60%。其中玉米、大麦等籽实类能量饲料可占80%左右。

（3）出栏期。当育肥羊的育肥期达到50 天时必须出栏，此时成年羊的生长发育已经基本停止，羊的生长发育速度和饲料利用率较低，若延长育肥时间则经济效益较低。

（二）育肥方式

（1）放牧——补饲型。夏季，成年羊的育肥以放牧为主，其日采食青绿饲料可达5～6 千克，精料0.4～0.5 千克，育肥平均日增重为140 克左右。秋季，主要选择老龄羊或淘汰羊进行育肥，育肥期一般为80～100 天，首先利用农田茬地或秋季牧场放牧，待膘情好转后，直接转入育肥舍进行短期强度育肥。此种育肥典型的日粮组成如下。

配方一：禾本科干草0.5千克，青贮玉米4.0千克，碎谷粒0.5千克。此配方日粮中的干物质含量为40.60%，代谢能17.974兆焦，粗蛋白4.12%，钙0.24%，磷0.11%。

配方二：禾本科干草0.5千克，青贮玉米3.0千克，碎谷粒0.4千克，多汁饲料0.8千克。此配方日粮中的干物质含量为40.64%，代谢能15.8844兆焦，粗蛋白3.83%，钙0.22%，磷0.10%。

（2）颗粒饲料型。此法适用于有饲料加工条件的地区和饲养的羊为肉用成年羊或羯羊。典型的日粮组成如下。

配方一：禾本科草粉30.0%，秸秆44.5%，精料25.0%，磷酸氢钙0.5%。此配方每千克饲料中干物质含量为86%，代谢能7.106兆焦，粗蛋白7.4%，钙0.49%，磷0.25%。

配方二：秸秆44.5%，草粉35.0%，精料20.0%，磷酸氢钙0.5%。此配方每千克饲料中干物质含量为86%，代谢能6.897兆焦，粗蛋白7.2%，钙0.48%，磷0.24%。

第五节　肉羊的异地育肥技术

一、肉羊育肥的概述

发展安全、优质的规模化肉羊生产，首先要因地制宜地根据本地区的综合情况如国家的法规、政策、生态资源，饲料、饲草供应状况，市场因素、经济基础等综合考虑，有效地利用国家对草食家畜的扶植政策，充分利用本地人力、物力资源实现绿色肉羊规模化生产。一般情况下，边远山区坡度大于45°时，适合饲养肉用山羊；而坡度在25°以下的丘陵地区多适合饲养肉用绵羊。但无论最终确定使用什么品种，必须兼顾当地的养羊习惯，确定肉羊的肥育模式。通常我们所说的肥育模式，主要有舍饲肥育、半舍饲半放牧肥育及放牧肥育。

每一种模式的应用多半要根据季节、育肥中所处地区的农业生态环境、羊的品种、年龄以及体况等具体情况来确定。从肉羊年龄上划分时，羊的肥育分成年育肥、羔羊育肥和肥羔生产。肉用羊宰杀的月龄不同，可以分为成年肉羊（或称大羊）、羔羊肉羊和肥羔。生产成羊肉的羊是在12月龄以上，生产羔羊肉的羊年龄为6～12月龄，而6月龄以下经育肥的羊称为肥羔。在屠宰前经过一定时间的育肥，是提高活重和屠宰率、改进羊肉的品质的重要措施。放牧肥育用的羊群，一般青草季节内，可充分发挥季节优势，放牧育肥。所用的羊只可以是成年羊，也可以是冬羔。具体方法是成年育肥时挑选羊群中丧失繁殖能力或准备淘汰的公、母羊进行育肥。成羊育肥多在我国牧区和很多山区，养羊户只注重羊的存栏数，忽略了羊的生长特点，认为养大羊才有效益，甚至2岁以上时才屠宰，胴体重和净肉率皆偏低。

羔羊肉羊的生产，是利用绵羊和山羊的冬羔，当年羔羊当年屠宰。我国北方地区普遍实行早春、冬末（1—3月）产羔，草地返青开始放牧，8—12月屠宰。宰前活重不低于35～40千克，体重不低于15～20千克。在枯草季节可以放牧结合舍饲的形式进行育肥，也可以全舍饲育肥。

肥羔生产，多是选用国外优良的肉用性能好的、繁殖力高的父本绵羊品种进行杂交，也有用肉用性能好的山羊品种进行杂交的。将所生的羔羊在哺乳期就及早补饲优质的草、料，断奶后强度育肥，从而成为膘情良好专供屠宰用的羔羊。目前，国际市场上销售的羊肉主要为肥羔，在4～6月龄屠宰，体重15～20千克。这样的肥羔肉质细嫩，在市场上备受青睐。它是利用优良的肉用、肉毛兼用型早熟的、繁殖力高、生长发育快、肉用性能良好的品种，采用经济杂交的手段，在科学的饲养管理条件下，在羔羊4～6月龄内达到32千克体重就屠宰的生产肥羔肉的方法。我国20世纪70年代中期，新疆、内蒙古等地已开始研究和推行羔羊肉生产。在目前市场对羊肉的需求及价格看好的形势下，羔羊肉和肥羔生产将会得到迅猛发展。

二、育肥的准备工作

一般在羊只育肥前，根据所肥育羊群的具体情况，要制订育肥计划，不同羊群采用不同育肥方案。具体的育肥方案包括对羊群的组群、育肥方式、育肥强度等。对羊群的组群主要是针对羊只的年龄、体况、体重等不同因素进行分群；育肥方式主要指根据育肥所处的季节及市场需要所采取的舍饲育肥、半舍饲半放牧育肥或放牧育肥；而育肥强度则根据前两项具体情况、市场对羊肉产品的需求以及当地饲料供应情况而采取的全精料育肥、全价颗粒饲料育肥等对育肥指标、育肥进度的要求，因为不同育肥强度的羊只对各种营养的需求不同，对饲料的要求也不相同，大多要根据当地的饲料资源及市场需求而定。

所有进行肥育的羊只都要进行驱虫处理。对育肥羔羊的驱虫第一次在断奶后20天，第二次在断奶后2个月。对放牧肥育的羊群可安排在由春草场转入夏草场前1周的夏秋草场放牧中期各驱虫一次。对舍饲育肥的羊群一般要在肥育前统一称重，分组后进行驱虫。驱除体内寄生虫药物可选用丙硫咪唑，剂量每千克体重10～15毫克。丙硫咪唑是一种广谱、低毒、高效的驱虫药，对线虫、吸虫和绦虫都有很好的驱除效果。

（一）羊舍消毒和防疫

在育肥羊群入舍前首先进行圈舍消毒，一般可用3%～5%火碱、石灰水消毒。以后待羊群入舍后每周进行消毒。在正常情况下，对于常年饲养的羊群，应该坚持定期防疫，具体要求如下。

（1）每年9月注射羊快疫、猝狙、肠毒血症三联疫苗或其他需要的疫苗一次。

(2) 每年3月和9月进行炭疽和布氏杆菌病等预防注射。

(二) 饲料饲草的准备

根据育肥羊所选择的育肥方案，准备足够的饲料，避免因饲料供应问题出现频繁换料而引起应激反应。如果必须换料，也不能直接更换，一般可在7～10天才能换完。具体可采用逐渐更替的方法，逐渐增加新料在原有饲料中的比例，直至全部更换。

三、舍饲育肥

舍饲育肥中根据年龄不同分为羔羊舍饲育肥和成年羊舍饲育肥。这种育肥模式应用的前提是在市场需要充分，饲料来源储备丰富的情况下采用。羔羊舍饲育肥目的是利用羔羊的早期的特点和生长优势，为市场提供优质肥羔肉；而成年羊育肥主要是对那些淘汰羊进行肥育，因其增重的主要部分是脂肪，无论在饲料上还是在一般管理上与羔羊肥育都有区别。

(一) 羔羊肥育

羔羊出生后，其消化系统发育尚不完全，其中消化粗纤维的瘤胃、网胃及瓣胃的发育远不如其皱胃的发育迅速，由于出生后其前胃不具备消化功能，吃进的母乳通过食管沟不经瘤胃等直接进入皱胃，这种消化方式与单胃动物近似。因此，喂幼羔可像对单胃动物如猪那样进行。由于瘤胃的发育是在羔羊采食饲料后才逐渐发育，一般哺乳羔羊1.5～2个月才能具备反刍功能，3个月左右才发育完善，因此，羔羊的育肥应利用3个月前羔羊瘤胃发育不完全的特点，在出生3个月内搞全精料强度育肥，也可以在出生后4～6月龄内搞羔羊的一般舍饲育肥。但无论哪种羔羊育肥方式，都需要在早期断奶、提高补料等环节上进行相应的训练，这样才能达到育肥的目的。

实行早期断奶和提早补饲，是羔羊肥育的关键。由于高强度的生长发育仅靠母乳不能满足其营养需要，因此，要精心作好这方面的管理工作。一般育肥前要注意对羔羊进行预防注射和驱虫。羔羊阶段比较容易受到肠毒血症的传染，该疫苗可在断奶前进行预防注射；而对羔羊的驱虫一船可在断奶后，当育肥羔羊群基本稳定后在断奶 20 天左右进行。整个育肥期间，要保证育肥舍环境清洁，干燥通风良好，以保证其生长环境需要。

（二）成年羊育肥

成年羊的育肥主要是针对那些老龄的淘汰羊进行肥育。根据当地的综合情况，分舍饲育肥、半舍饲半放牧育肥及放牧育肥几种。

成年淘汰羊的舍饲肥育多半结合异地肥育进行的。在进行舍饲育肥时，首先要求对羊群进行观察，按照不同的性别、体重组群，对异地育肥的羊群先要进行 20～30 天的隔离饲养，中间要进行防疫注射如三联苗，同时进行药物驱虫，确认没有重大疫病后方可进行正式育肥。育肥初期，因淘汰羊育肥增重主要是体脂，目的是提高胴体品质，增加体重。因此，肥育饲料以能量饲料为主，一些玉米、大麦、高粱及优质粗料都可以作为育肥饲料。优质粗料可以是优质青干草、豆科牧草，也可以是农副产品、秸秆等。每只羊每日补精料 0.4～0.5 千克，粗料 1.5～2.0 千克，冬季补饲时要注意改善饲料的适口性，要及时补充盐类等矿物质及微量元素，补饲日粮中有一定数量的块根类、青贮类多汁饲料。

放牧肥育在农牧区经常使用。在有条件的农区，可利用茬地以及河滩、缓坡进行放牧。这种方式可充分利用自然资源，最大限度地节省养殖成本。多半是在青草季节放牧，入冬后尽快屠宰，以减轻放牧草场的压力。在进入草场放牧前要进行驱虫。在收获后的农田放牧，牧场面积较大时，可以采用分区轮牧的方法进行。这种方式中基本上放牧时间要大于 8 个小时，保证羊群一日三饱以上，放牧技术上要做到三勤——腿勤、眼勤、嘴勤；四稳——出牧稳、收牧稳、放牧稳及饮水稳；四看——看地形、看草场、看水源及看天气等，做到放牧中让羊只少走路，多采食，尽快达到出栏体重。

放牧结合舍饲肥育，这是一种根据季节特点，在放牧时采食不足的情况下结合舍饲的肥育方式，对枯草季节非常适用。既可充分利用放牧地有限的牧草资源，又能达到适时出栏的目的。补饲的量以羊只采食30 分钟的量为宜，一般需要补饲精料 0. 2 ~0. 4 千克，粗饲料 1. 5 ~2. 0 千克。同样作为育肥羊要以能量饲料为主。

第六节　肉羊的放牧管理

一、放牧饲养

山羊是以放牧为主的草食家畜，放牧是最经济的饲养方式。利用羊的合群性，组群放牧饲养，可以节省饲料和管理的费用。放牧时，羊采食青绿饲料种类多，容易获得完全营养，不仅能满足羊只生长发育的需要，还能达到放牧抓膘的目的。同时由于放牧增加了羊只的运动量，并能接受阳光中的紫外线照射和各种气候的锻炼，有利于羊的生长发育与健康。具体放牧关键技术如下。

放牧队形主要根据地形地势、草生长状况、季节时间和羊群的饥饱情况而变换。放牧羊的队形基本有两种形式：一条鞭和满天星。

“一条鞭”又称一条线，即把羊排成一横队，缓步前进。领羊人走在前面，挡住强羊，助手在后驱赶弱羊，防止掉队，保持队形。这种队形适用于植被均匀、中等的牧地。要使羊只吃食匀、吃得饱，使其采食时间较长；逐渐吃饱后，游走速度应快些，使羊只不断采食到好草以提高采食量（但亦不可走得过快，防止牧草利用不充分）；直到大部分羊吃饱以后，就会出现站立前望或卧下休息的情况，这时停止羊群继续前进，就地休息反刍。若欲让羊群移动时，再驱赶唤起继续采食。

“满天星”是把羊均匀地分散在一定范围的牧地上，令羊自由采食，直到牧草采食完全后，再移到新的牧地上去。这种队形适合于牧草稠密茂盛、产量高的牧地，或牧草特别稀疏，且生长不均匀的牧地。前者因牧草丰富，所以把羊群散开，随时都可采食到好草。后者因牧草生长不良，让羊群散开自由采食可吃到较多的牧草。

二、放牧技术要点

（一）多吃少消耗

放牧羊群在草场上，吃草时间超过游走时间越长越好。吃草时间长，体能行走消耗相对较小，这样才能达到多吃少消耗，快速增膘的目的。

（二）“四勤三稳”

我国著名牧羊专家宁华堂的经验是“手大、手小、稳当就好”“走慢、走少，吃饱、吃好”。稳羊不馋，抓膘快、易保膘。“稳羊”包括放牧稳、饮水稳和出入圈稳。只有稳住了羊群，才能保证羊少走多吃，吃饱喝好，无事故，“三稳”要靠“四勤”来控制，四勤即指放牧人员要腿勤、手勤、嘴勤、眼勤。管住羊群，使其慢动且易上膘。

（三）“领羊、挡羊、喊羊、折羊”相结合

放牧羊群应有一定的队形和密度，牧工领羊按一定队形前进，控制采食速度和前进方向，同时挡住走出群的羊。“折羊”

是使羊群改变前进方向，把羊群赶向既定的草场、水源的道路上去。“喊羊”是放牧时呼以口令，使落后的羊只跟上队，抢前的缓慢前进。为了做好“领羊”“挡羊”“喊羊”和“折羊”平时训练头羊，有了头羊带队，容易控制羊群，使放牧羊群按放牧工的意图行动。

第七章　防疫管理与疾病防治

羊的保健是羊健康高效养殖的保证。羊的卫生保健受养殖环境、羊自身状况（包括健康状况、年龄、性别、抗病力、遗传因素等）、气候及外界致病因素等方面的影响。羊从生产到出售，要经过出入场检疫、收购检疫、运输检疫和屠宰检疫。

第一节　羊场的环境卫生

消毒是指运用各种方法消除或杀灭饲养环境中的各类病原体，减少病原体对环境的污染，切断疾病的传染途径，达到防止疾病发生、蔓延，进而达到控制和消灭传染病的目的。消毒主要是针对病原微生物和其他有害微生物，并不是消除或杀灭所有的微生物，只是要求把有害微生物的数量减少到无害化程度。

一、消毒类型

（一）疫源地消毒

是指对存在或曾经存在过传染病的场所进行的消毒。场所主要指被病源微生物感染的羊群及其生存的环境，如羊群、舍、用具等。一般可分为随时消毒和终末消毒 2 种。

（二）预防性消毒

对健康或隐性感染的羊群，在没有被发现有传染病或其他疾病时，对可能受到某种病原微生物感染羊群的场所环境、用具等进行的消毒，谓之预防性消毒。对养羊场附属部门，如门卫室、兽医室等的消毒属于此类型。

二、消毒剂的选择

消毒剂应选择对人和羊安全、无残留、不对设备造成破坏、不会在羊体内产生有害积累的消毒剂。可选用的消毒剂有石炭酸（酚）、美酚、双酚、次氯酸盐、有机碘混合物（碘伏）、过氧乙酸、生石灰、氢氧化钠、高锰酸钾、硫酸铜、新洁尔灭、松馏油、70%乙醇和来苏儿等。

三、羊场消毒方法

（一）清扫与洗刷

为了避免尘土及微生物飞扬，先用水或消毒液喷洒，然后再清扫。主要清除粪便、垫料、剩余饲料、灰尘及墙壁和顶棚上的蜘蛛网、尘土等。

（二）羊舍消毒

消毒液的用量为1升/立方米，泥土地面、运动场为1.5升/立方米左右。消毒顺序一般从离门远处开始，以墙壁、顶棚、地面的顺序喷洒一遍，再从内向外将地面重复喷洒1次，关闭门窗2~3小时，然后打开门窗通风换气，再用清水清洗饲槽、水槽及饲养用具等。

（三）饮水消毒

羊的饮水应符合畜禽饮用水水质标准，对饮水槽的水应隔3~4小时更换1次，饮水槽和饮水器要定期消毒，为了杜绝疾病发生，有条件者可用含氯消毒剂进行饮水消毒。

（四）空气消毒

一般被污染的羊舍空气中微生物数量在每立方米10个以上，当清扫、更换垫草、出栏时更多。空气消毒最简单的方法是通风，其次是利用紫外线杀菌或甲醛气体熏蒸。

（五）消毒池的管理

在羊场大门口应设置消毒池，长度不小于汽车轮胎的周长 2 米以上，宽度应与门的宽度相同，水深 10～15 厘米，内放 2%～3%氢氧化钠溶液或 5%来苏儿溶液和草酸。消毒液 1 周更换 1 次，北方在冬季可使用生石灰代替氢氧化钠。

（六）粪便消毒

通常有掩埋法、焚烧法及化学消毒法几种。

法是将粪便与漂白粉或新鲜生石灰混合，然后深埋于地下 2 米左右处。对患有烈性传染病家畜的粪便须进行焚烧，方法是挖 1 个深 75 厘米，长、宽各 75～100 厘米的坑，在距坑底 40～50 厘米处加一层铁炉箅子，对湿粪可加一些干草，用汽油或酒精点燃。常用的粪便消毒方法是发酵消毒法。

（七）污水消毒

一般污水量小，可拌洒在粪中堆积发酵，必要时可用漂白粉按每立方米 8～10 克搅拌均匀消毒。

四、注意事项

羊舍、羊圈及用具应保持清洁、干燥，每天清除粪便及污物，堆积制成肥料。饲草保持清洁干燥，不发霉腐烂，饮水要清洁，清除羊舍周围的杂物、垃圾，填平死水坑，消灭鼠、蚊、蝇。

羊舍清扫后消毒，常用消毒药有 10%～20%的石灰乳和 10%的漂白粉混悬液。产房在产羔前消毒 1 次，产羔高峰时进行多次，产羔结束后再进行 1 次。在病羊舍、隔离舍的出入口处应放置浸有消毒液的麻袋片或草垫；消毒液可用 2%～4%氢氧化钠（对病毒性疾病）或 10%克辽林溶液。

地面消毒可用含 2.5%有效氯的漂白粉混悬液、4%甲醛或10%氢氧化钠溶液。粪便消毒最实用的方法是生物热消毒法。污水消毒将污水引入污水处理池，加入化学药品消毒。

第二节　防疫制度

一、羊的健康检查

羊正常体温为38～39.5℃，羔羊高出约0.5℃，剧烈运动或经暴晒的病羊，须休息半小时后再测温。健康羊脉搏数70～80次/分钟，健康羊呼吸频率为12～20次/分钟。一般都是胸腹式呼吸，胸壁和腹壁的运动都比较明显，呈节律性运动，吸气后紧接呼气，经短暂间歇，又行下一次呼吸。在正常情况下羊用上唇采食，靠唇舌吮吸把水吸进口内来饮水（表7－1）。

正常成年羊瘤胃左侧肷窝稍凹陷，瘤胃收缩次数每分钟2～4次，听诊瘤胃蠕动音类似沙沙声，在肷窝隆起时最强，以后逐渐减弱（表7－2）。羊粪呈小而干的球状。羊排尿时，呈坐姿。

表7－1　羊的体温、呼吸、脉搏（心跳）数值

年龄	性别	体温（℃）		呼吸（次/分钟）		脉搏（次/分钟）	
		范围	平均	范围	平均	范围	平均
3～12月龄	公	38.4～39.5	38.9	17～22	19	88～127	110
	母	38.1～39.4	38.7	17～24	21	76～123	100
1岁以上	公	38.1～38.8	38.6	14～17	16	62～88	78
	母	38.1～39.6	38.6	14～25	20	74～116	94

表 7－2　羊的反刍情况和瘤胃蠕动次数

年龄	每个食团咀嚼次数		每个食团反刍时间（秒）		反刍间歇时间（秒）		瘤胃蠕动次数（5 分钟）	
	范围	平均	范围	平均	范围	平均	范围	平均
4～12 月龄	54～100	81	33～58	44	4～8	6	9～12	11
1 岁以上	69～100	76	34～70	47	5～9	6	8～14	11

二、肉羊的免疫

应根据《中华人民共和国动物防疫法》及其配套法规的要求，结合当地实际情况，制定疫病的免疫规划。羊饲养场根据免疫规划制定本场的免疫程序，并认真实施，注意选择适宜的疫苗和免疫方法。

（一）羔羊常用免疫程序

羔羊的免疫力主要从初乳中获得，在羔羊出生后 1 小时内，保证吃到初乳。对 5 日龄以内的羔羊，疫苗主要用于紧急免疫，一般暂不注射。羔羊常用疫苗和使用方法见表 7－3。

表 7－3　羔羊常用疫苗和使用方法

时间	疫苗名称	剂量	方法	备注
出生 12 小时内	破伤风抗毒素	1 毫升/只	肌内注射	预防破伤风
16～18 日龄	羊痘弱毒疫苗	1 头份	尾根内侧皮内注射	预防羊痘
23～25 日龄	三联四防灭活苗	1 毫升/只	肌内注射	预防羔羊痢疾（魏氏梭菌、黑疫）、猝狙、肠毒血症、快疫
1 月龄	羊传染性胸膜肺炎氢氧化铝菌苗	2 毫升/只	肌内注射	预防羊传染性胸膜肺炎

羊的免疫程序和免疫内容，不能照抄，照搬，而应根据各地的具体情况制定。羊接种疫苗时要详细阅读说明书，查看有

效期。记录生产厂家和批号，并严防接种过程中通过针头传播疾病。

经常检查羊只的营养状况，要适时进行重点补饲，防止营养物质缺乏，对妊娠、哺乳母羊和育成羊更为重要。严禁饲喂霉变饲料、毒草和喷过农药不久的牧草。禁止羊只饮用死水或污水，以减少病原微生物和寄生虫的侵袭，羊舍要保持干燥、清洁、通风。

根据本地区常发生传染病的种类及当前疫病流行情况，制定切实可行的免疫程序（表7－4）。按免疫程序进行预防接种，使羊只从出生到淘汰都可获得特异性抵抗力，增强羊对疫病的抵抗力。

表7－4　成羊免疫程序

疫苗名称	预防疫病种类	免疫剂贷	注射部位
	春季免疫		
三联四防灭活苗	快疫、猝狙、肠毒血症、羔羊痢疾	1头份	皮下或肌内注射
羊痘弱毒疫苗	羊痘	1头份	尾根内侧皮内注射
羊传染性胸膜肺炎氢氧化铝菌苗	羊传染性胸膜肺炎	1头份	皮下或肌内注射
羊口蹄疫苗	羊口蹄疫	1头份	皮下注射
	秋季免疫		
三联四防灭活苗	快疫、猝狙、肠毒血症、羔羊痢疾	1头份	皮下或肌内注射
羊传染性胸膜肺炎氢氧化铝菌苗	羊传染性胸膜肺炎	1头份	皮下或肌内注射
羊口蹄疫苗	羊口蹄疫	1头份	皮下注射

注：1. 本免疫程序供生产中参考；

2. 每种疫苗的具体使用以生产厂家提供的说明书为准

（二）注意事项

要了解被预防羊群的年龄、妊娠、泌乳及健康状况，体弱或原来就生病的羊预防后可能会引起不良反应，应说明清楚，或暂时不打预防针。对15日龄以内的羔羊，除紧急免疫外，一般暂不注射。预防注射前，对疫苗有效期、批号及厂家应注意记录，以便备查。对预防接种的针头，应做到一头一换。

三、肉羊检疫和疫病控制

羊从生产到出售，要经过出入场检疫、收购检疫、运输检疫和屠宰检疫。羊场或养羊专业户引进羊时，只能从非疫区购入，经当地兽医检疫部门检疫，并签发检疫合格证明书；运抵目的地后，再经本场或专业户所在地兽医验证、检疫并隔离观察1个月以上，确认为健康者，经驱虫、消毒，没有注射过疫苗的还要补注疫苗，方可混群饲养。羊场采用的饲料和用具，也要从安全地区购入，以防疫病传入。

（一）疫病监测

各地畜牧兽医行政管理部门必须依照《中华人民共和国动物防疫法》及其配套法规的要求，结合当地实际情况，制定疫病监测方案，由当地动物防疫监督机构实施，羊饲养场应积极予以配合。

羊饲养场常规监测的疾病至少应包括：口蹄疫、羊痘、蓝舌病、炭疽、布鲁氏菌病。同时，需注意监测外来病的传入，如痒病、小反刍兽疫、梅迪/维斯纳病、山羊关节炎/脑炎等。除上述疫病外，还应根据当地实际情况，选择其他一些必要的疫病进行监测。

根据实际情况由当地动物防疫监督机构定期或不定期对养羊场进行必要的疫病监督抽查，并将抽查结果报告各地畜牧兽医行政管理部门，必要时还应反馈给养羊场。

（二）发生疫病羊场的防疫措施

及时发现，快速诊断，立即上报疫情。确诊病羊，迅速隔离。如发现一类和二类传染病暴发或流行（如口蹄疫、痒病、蓝舌病、羊痘、炭疽等）应立即采取封锁等综合防疫措施。

对易感羊群进行紧急免疫接种，及时注射相关疫苗和抗血清，并加强药物治疗、饲养管理及消毒管理。提高易感羊群抗病能力。对已发病的羊只，在严格隔离的条件下，及时采取合理的治疗，争取早日康复，减少经济损失。

对污染的圈、舍、运动场及病羊接触的物品和用具，都要进行彻底的消毒和焚烧处理。对因患传染病的病死羊和淘汰羊，严格按照传染病羊尸体的卫生消毒方法，进行焚烧后深埋。

（三）疫病控制和扑灭

发生传染病时立即封锁现场，驻场兽医及时诊断，并尽快向当地动物防疫监督机构报告疫情。

确诊发生口蹄疫、小反刍兽疫时，羊饲养场应配合当地动物防疫监督机构，对羊群实施严格的隔离、扑灭措施。

发生痒病时，除了对羊群实施严格的隔离、扑杀措施外，还需追踪调查病羊的亲代和子代。

发生蓝舌病时，应扑杀病羊；如只是血清学反应呈现抗体阳性，并不表现临床症状时，需采取清群和净化措施。

发生炭疽时，应焚毁病羊，并对可能的污染点彻底消毒。

发生羊痘、布鲁氏菌病、梅迪/维斯纳病、山羊关节炎/脑炎等疫病时，应对羊群实施清群和净化措施。

全场进行彻底的清洗消毒，病死或淘汰羊的尸体按 GB 16548 进行无害化处理。

（四）防疫记录

每群羊都应有相关的生产记录，其内容包括羊只来源，饲料消耗情况，发病率、死亡率及发病死亡原因，无害化处理情况，实验室检查及其结果，用药及免疫接种情况，消毒情况，羊只发运目的地等。所有记录应妥善保存，并在清群后保存2年以上。建立羊卡，做到一羊一卡一号，记录羊只的编号、出生日期、外貌特征、生产性能、免疫、检疫、病历等原始资料。

第三节 药浴和驱虫

一、羊的药浴

（一）概述

剪毛后的10～15天内，应及时组织药浴，以防疥癣病的发生，如间隔时间过长，则毛不易洗透。药浴使用的药剂有0.05%辛硫磷乳油、1%敌百虫溶液、氰戊菊酯（80～200毫克/千克）、溴氰菊酯（50～80毫克/千克），也可用石硫合剂，其配方是生石灰7.5千克，硫黄粉末12.5千克，用水拌成糊状，加水300升，边煮边搅拌，煮至浓茶色为止，沉淀后取上清液加温水1 000升即可。

（二）方法与步骤

药浴分池浴（图7－1）、淋浴（图7－2）和盆浴3种。

图7－1 药浴池药浴

池浴在专门建造的药浴池进行，最常见的药浴池为水泥沟

图 7－2　羊淋浴装置

形池，药液的深度以没及羊体为原则，羊出浴后在滴流台上停留 10～20 分钟。

淋浴在特设的淋浴场进行，淋浴时把羊赶入，开动水泵喷淋，经 3 分钟淋透全身后关闭，将淋过的羊赶入滤液栏中，经 3～5 分钟后放出。

盆浴在大盆或缸中进行，用人工方法把羊逐只洗浴。

（三）注意事项

药浴前 8 小时给羊停止喂料，药浴前 2～3 小时给羊饮足水，以防止羊喝药液。药浴应选择暖和无风天气进行，以防羊受凉感冒，浴液温度保持在 30℃左右。先浴健康羊，后浴病羊。药浴后 5～6 小时可转入正常饲养。第一次药浴后 8～10 天可重复药浴 1 次。

二、羊的驱虫

（一）驱虫药物

驱虫药物可用阿维菌素、伊维菌素或丙硫咪唑，均按用量说明计算。阿苯达唑 10 毫克/千克体重和盐酸左旋咪唑 8 毫克/千克体重联合用药效果更好。

（二）驱虫时间和方法

在 3—10 月，每 1.5～2 个月拌料驱虫 1 次。母羊驱虫应在产后5天驱1次，隔15天后再驱1次，年产2胎的驱虫4次。妊娠羊禁止驱虫。羔羊在1月龄驱虫1次，隔15天再驱1次，用法用量按各药品说明计算。种公羊1年2次（春、秋），每次间隔15天二次用药，用量按各药品说明计算。表7－5为羊驱虫时间和药物使用情况，供参考。

表7－5　羊的驱虫时间和药物使用（仅供中部地区肉羊参考）

次数	时间	药物	用量及备注
第一次	2月15日	阿苯达唑	10毫克/千克体重
第二次	4月1日	左旋咪唑	8毫克/千克体重
第三次	5月15日	阿苯达唑	10毫克/千克体重
第四次	7月1日	阿苯达唑	10毫克/千克体重
第五次	8月15日	左旋咪唑	8毫克/千克体重
第六次	10月1日	阿苯达唑	10毫克/千克体重

备注：妊娠母羊另外执行。如遇到天气变化等情况，时间的前后变更控制在1周之内

（三）注意事项

羊驱虫往往是成群进行，在查明寄生虫种类基础上，根据羊的发育状况、体质、季节特点用药。羊群驱虫应先做小群试验，用新驱虫剂或新驱虫法更应如此，然后再大群实行。

第四节　羊病的诊疗

一、羊临床检查方法

（一）问诊

了解羊群和病羊的生活史与患病史，着重了解以下3方面内容。一是患羊发病时间和病后主要表现，附近其他羊有无类似疾病发生；二是饲养管理情况，主要了解饲料种类和饲喂量；

三是经过治疗，了解用药种类和效果。

（二）视诊

视诊是用眼睛或借助器械观察病羊的异常现象，是识别各种疾病不可缺少的方法，特别是对大羊群中发现病羊更为重要。视诊时，先观察全貌，如精神、营养、姿势等。然后再由前向后察看，即从头部、颈部、胸部、腹部、臀部及四肢等，注意观察体表有无创伤、肿胀等现象。最后让病羊运动，观察步行状态。

（三）触诊

触诊是利用手的感觉进行检查的一种方法，可分为浅部触诊和深部触诊。浅部触诊的方法是检查者将手放在被检部位上轻轻滑动触摸，可以了解被检部位的温度、湿度和疼痛等；深部触诊是用不同的力量对病羊进行按压，以了解病变的性质。

（四）叩诊

叩诊就是叩打动物体表某部，使之振动发出声音，按其声音的性质推断被叩组织、器官有无病理改变的一种诊断方法。常用指叩诊，被叩组织是否含有气体，以及含气量的多少，可出现清音、浊音、半浊音和鼓音。

（五）听诊

直接用耳听取音响的称为直接听诊，主要用于听取病羊的呻吟、喘息、咳嗽、打喷嚏、嗳气、磨牙及高朗的肠音等；用听诊器进行听诊的称为间接听诊，主要用于心脏、肺脏及胃肠检查。

（六）嗅诊

嗅诊就是借嗅觉器官闻病羊的排泄物、分泌物、呼出气、口腔气味以及深入羊舍了解卫生状况，检查饲料是否霉败等的一种方法。

二、羊临床检查指标

(一) 体温

(1) 发热。体温高于正常范围，并伴有各种症状的称为发热。

(2) 微热。体温升高 0.5～1℃称为微热。

(3) 中热。体温升高 1～2℃称为中热。

(4) 高热。体温升高 2～3℃称为高热。

(5) 过高热。体温升高 3℃以上称为过高热。

(6) 稽留热。体温高热持续 3 天以上，上、下午温差 1℃以内，称为稽留热，见于纤维素性肺炎。

(7) 弛张热。体温日差在 1℃以上而不降至常温的，称弛张热，见于支气管肺炎、败血症等。

(8) 间歇热。体温有热期与无热期交替出现，称为间歇热，见于血孢子虫病、锥虫病。

(9) 无规律发热。发热的时间不定，变动也无规律，而且温差有时不大，有时出现巨大波动，见于渗出性肺炎等。

(10) 体温过低。体温低于正常，见于产后瘫痪、休克、虚脱、极度衰弱和濒死期等。

(二) 脉搏羊利用股动脉检脉

检查时，通常用右手的食指、中指及无名指先找到动脉管后，用 3 指轻压动脉管，以感觉动脉搏动，计算 1 分钟的脉搏数（健康羊脉搏数 70～80 次/分）。发热性疾病、各种肺脏疾病、严重心脏病以及贫血等均能引起脉搏数增多。

(三) 呼吸

(1) 呼吸数增多。临床上能引起脉搏数增多的疾病，多能引起呼吸数增多。另外，呼吸疼痛性疾病（胸膜炎、肋骨骨折、创伤性网胃炎、腹膜炎等）也致呼吸数增多。呼吸数减少，见于脑积水、产后瘫痪和气管狭窄等。

（2）呼吸运动。在病理状态下可出现胸式呼吸（吸气时胸壁运动比较明显）或腹式呼吸（吸气时腹壁的运动比较明显）。吸气后紧接呼气，经短暂间歇，又行下一次呼吸。一般吸气短而呼气略长，可因兴奋、恐惧和剧烈运动等而发生改变。如呼吸运动长时间变化，则是病理状态。临床上常见的呼吸节律变化有潮式呼吸、间歇呼吸、深长呼吸 3 种。

（3）呼吸困难。

①吸气性呼吸困难：吸气用力，时间延长，鼻孔开张，头颈伸直，肘向外展，肋骨上举，肛门内陷，并常听到类似哨声样的狭窄音。主要是气息通过上呼吸道发生障碍的结果，见于鼻腔、喉、气管狭窄的疾病和咽淋巴结肿胀等。

②呼气性呼吸困难：呼气用力，时间延长，背部拱起，肷窝变平，腹部容积变小，肛门突出，呈明显的二段呼气，于肋骨和软肋骨的结合处形成一条喘沟，呼气越困难喘沟越明显。是肺内空气排出发生障碍的结果，见于细文气管炎和慢性肺气肿等。

③混合性呼吸困难：吸气和呼气都困难，而且呼吸加快。由于肺呼吸面积减少，或肺呼吸受限制，肺内气体交换障碍，致使血中二氧化碳蓄积和缺氧而引起，见于肺炎、胸膜炎等疾病。心源性、中毒性呼吸困难也属于混合性呼吸困难。

（四）采食和饮水

（1）采食障碍。表现为采食方法异常，唇、齿和舌的动作不协调，难把食物纳入口内，或刚纳入口内，未经咀嚼即脱出。见于唇、舌、牙、颌骨的疾病及各种脑病，如慢性脑水肿、脑炎、破伤风、面神经麻痹等。

(2) 咀嚼障碍。表现为咀嚼无力或咀嚼疼痛。常于咀嚼突然张口，上、下颌不能充分闭合，致使咀嚼不全的食物掉出口外，见于佝偻病、骨软症、放线菌病等。此外，由于咀嚼的齿、颊、口黏膜、下颌骨和咬肌等的疾病，咀嚼时引起疼痛而出现咀嚼障碍。神经障碍，也可出现咀嚼困难或完全不能咀嚼。

(3) 吞咽障碍。吞咽时或吞咽稍后，动物摇头伸颈、咳嗽，由鼻孔逆出混有食物的唾液和水，见于咽喉炎、食管阻塞及食管炎。

(4) 饮水。在正常生理状况下饮水多少与气候、运动和饲料的含水量有关。在病理状态下，饮欲可发生变化，出现饮欲增加或减退。饮欲增加见于热性病、腹泻、大出汗以及渗出性胸膜炎的渗出期；饮欲减退见于伴有昏迷的脑病及某些胃肠病。

(五) 瘤胃

肷窝深陷，见于饥饿和长期腹泻等。瘤胃臌胀时，上部腹壁紧张而有弹性，用力强压也难以感知瘤胃内容物性状。前胃弛缓时，内容物柔软。瘤胃积食时，感觉内容物坚实。胃黏膜有炎症时，触诊有疼痛反应。瘤胃收缩无力、次数减少、收缩持续时间短促，表示其运动功能减退，见于前胃弛缓、创伤性网胃炎、热性病及其他全身性疾病。听诊瘤胃蠕动音加强，表示瘤胃收缩增强。蠕动音减弱或消失，表示前胃弛缓或瘤胃积食等。

(六) 排粪

粪便稀软甚至水样，表明肠消化功能障碍、蠕动加强，见于肠炎等。粪便硬固或粪球干、小，表明肠管运动功能减退或肠肌弛缓，水分大量被吸收，见于便秘初期。褐色或黑色粪表明前部肠胃出血，粪便表面附有鲜红色血液表明后部肠管出血。粪便呈灰白色表明阻塞性黄疸，是由于粪胆素减少所致。粪便酸臭、腐败腥臭时表明肠内容物强烈发酵和腐败，见于胃肠炎、消化不良等。粪便中混有虫体见于胃肠道寄生虫病。

（七）排尿

（1）尿失禁。羊未取排尿姿势，而经常不自主地排出少量尿液为尿失禁，见于腰荐部脊髓损伤和膀胱括约肌麻痹。

（2）尿淋消。尿液不断呈点滴状排出时称为尿淋漓，是由于排尿功能异常亢进和尿路疼痛刺激而引起，见于急性膀胱炎和尿道炎等。

（3）排尿带痛。羊只排尿时表现痛苦不安、努责、呻吟、回顾腹部和摇尾等，排尿后仍长时间保持排尿姿势。排尿疼痛见于膀胱炎、尿道炎和尿路结石等。

第五节　羊常见病

一、肉羊常见普通病防治技术

（一）羊胃肠炎防治技术

1. 概述

羊胃肠炎是指由于某种病因引起胃肠黏膜及其深层组织发生的炎症，多以肠炎为主。临床特征为严重的胃肠道功能障碍和不同程度的自体中毒。该病是羊常见病和多发病，几乎所有养殖场（户）均有发生，幼羊发生多，且病情严重，治疗不及时易造成死亡。

2. 技术特点

（1）发病原因。饲养失宜，饲料品质粗劣，饲料调配不合理，饲料霉变，食入有毒植物、化学性毒物以及大量青绿饲料，饮水不洁，羊舍卫生差，羊舍不能保暖防雨，以及在治疗上用药不当或泻药剂量过大都可成为病因。另外，还会伴随在某些传染病和寄生虫病（如羊鼻蝇蛆、球虫病等）的病程中。

（2）临床症状。病羊精神不振，食欲及反刍减少或消失，鼻干燥，经常有口腔炎及大量唾液流出。脉搏及呼吸加快，瘤胃蠕动缓慢，有时发生轻度臌气，瘤胃蠕动有时加剧，常有嗳气现象。触诊腹部有痛感。腹泻，粪便稀软或水样，恶臭或腥臭。腹泻时肠音增强，病至后期则肠音减弱或消失。当炎症主要侵害胃及小肠时，肠音则逐渐变弱，排粪减少，粪干色暗，常有黏液混杂，后期才出现腹泻。

（3）防治措施。

①预防：改善饲养管理条件，保持适当运动，增强体质，保证健康。日常管理必须注意饲料质量、给料方法，建立合理的管理制度，提高科学的饲养管理水平。

②治疗：原则是消除炎症、清理胃肠、预防脱水、维护心脏功能，解除中毒，增强机体抵抗力。

早期单纯消化不良，可用胃蛋白酶 1 克溶于凉开水中饮用。拉水样粪便时，用活性炭 20～40 克、次硝酸铋 3 克、鞣酸蛋白 2 克、磺胺脒 4 克，成羊一次口服。重者可肌注硫酸阿托品止泻。也可用复方新诺明片 0.5 克 ×4 片、小苏打 0.3 克 ×6 片、鞣酸蛋白 0.3 克 ×7 片，成羊一次口服。中药可服用白头翁汤、郁金散、乌梅散等治疗。

当脱水时可用糖盐水 500 毫升、10% 安钠咖 2 毫升、40% 乌洛托品 5 毫升，一次静脉注射。脱水严重时，还需补钾、补钙、补维生素 C 等。

心力衰竭时，可用 10% 樟脑磺酸钠 3 毫升，1 次肌内注射，或用尼可刹米注射液 1 毫升，皮下注射。

当病羊 4～5 天未吃食物时，可灌炒面糊或小米汤、麸皮大米粥；开始采食时，应给予易消化的饲草、饲料和清洁饮水，然后逐渐转为正常饲养。

（二）羊瘤胃积食防治技术

1. 概述

羊瘤胃积食是指瘤胃充满饲料，超过了正常容积，致使胃体积增大，胃壁扩张，食糜滞留在瘤胃引起严重消化不良的疾病。该病临床特征为反刍、嗳气停止，瘤胃坚实，疝痛，瘤胃蠕动极弱或消失。

2. 技术特点

（1）发病原因。羊吃了过多的质量不良、粗硬易膨胀的饲料，如块根类、豆饼、霉败饲料，或采食干料而饮水不足等。当患有前胃弛缓、瓣胃阻塞、创伤性网胃炎、腹膜炎、真胃炎、真胃阻塞等疾病时可继发瘤胃积食。

（2）临床症状。病羊在发病初期食欲、反刍、嗳气减少或停止；鼻镜干燥，羊瘤胃积食，排粪困难，腹痛，不安摇尾，弓背，回头顾腹，呻吟咩叫；呼吸急促，脉搏加快，结膜发绀。听诊瘤胃蠕动音减弱、消失；触诊瘤胃胀满、硬实。后期由于过食造成胃中食物腐败发酵，导致酸中毒和胃炎，精神极度沉郁，全身症状加剧，四肢颤抖，常卧地不起，呈昏迷状态（图7－3）。

（3）防治措施。

①预防：加强饲养管理。如饲草、饲料过于粗硬，要经过加工再喂，注意不要让羊贪食与暴食，要加强运动。

②治疗：原则消导下泻，止酵防腐，纠正酸中毒，健胃补液。

消导下泻：石蜡油100毫升、人工盐或硫酸镁50克、芳香氨醑10毫升，加水500毫升，1次灌服。

止酵防腐：鱼石脂1～3克、陈皮酊20毫升，加水250毫升，1次内服。

图7－3　瘤胃积食病羊

纠正酸中毒：5%的碳酸氢钠100毫升、5%的葡萄糖200毫升，1次静脉注射。

药物治疗无效时，即速进行瘤胃切开术，取出内容物。

病羊恢复期可用健胃剂促进食欲恢复，如用龙胆酊5～10毫升，1次灌服；或用人工盐5～10克、大蒜泥10～20克，加适量水混合后1次灌服，每日2次。

（三）羊瘤胃臌胀防治技术

1. 概述

瘤胃臌胀是羊采食了易发酵饲料，在瘤胃内发酵产生大量气体，致使瘤胃体积迅速增大，过度臌胀为特征的一种疾病。

2. 技术特点

（1）发病原因。采食大量易发酵饲料，如豆苗、青苜蓿等多汁易胀饲料；误食某些可发生瘤胃麻痹的植物如毒芹、秋水仙或乌头等；采食大量易臌胀的干料，如豆类、玉米、麦子、稻谷、油饼类等；采食难以消化的饲料，如麦秸、干甘薯藤、玉米秸等；采食大量豆科牧草、雨后水草、露水未干的青草等；以及缺乏运动、消瘦、消化机能不好、饮水不足、突然变换饲料等，均可诱发本病。

（2）临床症状。病初羊只食欲减退，反刍、嗳气减少，或很快食欲废绝，反刍、嗳气停止。呻吟、努责，腹痛不安，腹围显著增大，尤以左肷部明显。触诊腹部紧张性增加，叩诊呈鼓音。经常作排粪姿势，但排出粪量少，为干硬带有黏液的粪便，或排少量褐色带恶臭的稀粪，尿少或无尿排出。鼻、嘴干燥，呼吸困难，眼结膜发绀。重者脉搏快而弱，呼吸困难，口吐白沫，但体温正常。病后期，羊虚乏无力，四肢颤抖，站立不稳，最后昏迷倒地，因呼吸窒息或心脏衰竭而死亡。

（3）防治措施。

①预防：该病多发生在春季，防治重点要加强饲养管理，促进消化机能，保持其健康水平。由舍饲转为放牧时，最初几天在出牧前先喂一些干草后再出牧，并且还应限制放牧时间及采食量。在饲喂易发酵的青绿饲料时，应先饲喂干草，然后再饲喂青绿饲料。尽量少喂堆积发酵或被雨露浸湿的青草。不让羊暴食幼嫩多汁豆科植物，不在雨后或有露水、下霜的草地上放牧。舍饲育肥羊，应在全价日粮中至少含有10%～15%的铡短的粗料，粗料最好是禾谷类稿秆或青干草，避免饲喂用磨细的谷物制作的饲料。

②治疗：病的初期，轻度气胀，让病羊头部向上站在斜坡上，用两腿夹住羊的头颈部，有节奏地按摩腹部，连续5～10分钟，对治疗瘤胃臌胀有一定效果。

气胀严重的，应用松节油20～30毫升、鱼石脂10～15克、95%酒精30～50毫升，加适量温水，一次内服。或用醋20毫升、松节油3毫升、酒精10毫升，混合后一次灌服；或用克辽林2～4毫升加水20～40毫升，一次性灌服；或用大蒜酊15～25毫升，加水4倍，一次灌服，具有消胀作用。

病羊危急时，可用套管针在左腹肋部中央放气，此时要用拇指按住套管出气口，让气体缓慢放出，放完气后，用鱼石脂 5 毫升加水 150 毫升，从套管注入瘤胃。

（四）羔羊白肌病

1. 概述

羔羊白肌病是幼羔发生的一种以骨骼肌、心肌纤维以及肝组织等发生变性、坏死为主要特征的疾病。其中，病羔四肢无力、运动困难、肌肉色淡为主要病征。该病属地方病，主要发生在缺硒地区，我国是世界上缺硒最严重的地区，从东北三省起斜穿至云贵高原，占我国国土面积 72% 的地区为低硒地带，其中 30% 为严重缺硒地区，粮食和蔬菜等食物含硒量极低，这些地区要加强对该病的预防。

2. 技术特点

（1）发病原因。主要是饲料中硒和维生素 E 缺乏或不足，或饲料内钴、锌、银等微量元素含量过高而影响动物对硒的吸收。羊机体内硒和维生素 E 缺乏时，正常生理性脂肪发生过度氧化，细胞组织的自由基受到损害，发生退行性病变、坏死，并可钙化，病变以骨骼肌、心肌受损最为严重，引起运动障碍和急性心肌坏死。

（2）临床症状。多呈地方性流行，3～5 周龄的羔羊最易患病，死亡率有时高达 40%～60%。生长发育越快的羔羊，越容易发病，且死亡越快。急性病例，病羊常突然死亡。亚急性病例，病羊精神沉郁，背腰发硬，步样强拘，后躯摇晃，后期常卧地不起。臀部肿胀，触之硬固。呼吸加快，脉搏增数，羔羊可达 120 次/分以上。初期心搏动增强，以后心搏动减弱，并出现心律失常。慢性病例，病羊运动缓慢，步样不稳，喜卧。精神沉郁，食欲减退，有异嗜现象。被毛粗乱，缺乏光泽，黏膜黄白，腹泻多尿。脉搏增数，呼吸加快。剖检可见骨骼肌苍白，心肌苍白、变性，营养不良。

（3）防治措施。预防：对妊娠母羊、哺乳期母羊和羔羊冬春季节可在饲料中添加含硒和维生素 E 的预混料。对母羊供给豆科牧草，怀孕母羊补给 0.2% 亚硒酸钠液，皮下或肌内注射，剂量为 4～6 毫升。对新生羔羊出生后 20 天，先用 0.2% 亚硒酸钠液，皮下或肌内注射，每次 1 毫升，间隔 20 天后再注射 1.5 毫升，注射开始日期最晚不得超过 25 日龄，能预防羔羊白肌病。

治疗：对急性病例通常使用 0.1% 亚硒酸钠注射肌内或皮下注射，羔羊每次 2～4 毫升，间隔 10～20 天重复注射 1 次，维生素 E 肌内注射，羔羊 10～15 毫克，每天 1 次，5～7 天为一个疗程。对慢性病例可采用饲料补硒，可在饲料中按 0.1 毫克/千克添加亚硒酸钠。

二、肉羊常见传染病防治技术

（一）羊口蹄疫防治技术

1. 概述

羊口蹄疫是由口蹄疫病毒引起的急性、热性、高度接触性传染病。其临床特征是患病动物口腔黏膜、蹄部和乳房发生水疱和溃疡。口蹄疫被世界动物卫生组织列为必须报告的动物传染病，我国规定为一类动物疫病。任何单位和个人发现家畜疑似口蹄疫临床异常情况，应及时向当地动物防疫监督机构报告，由动物防疫监督机构派专人到现场进行临床和病理诊断。疫情处置必须在动物防疫监督机构指导和监督下进行。

2. 技术特点

（1）病原特征。口蹄疫病毒属小 RNA 病毒科口蹄疫病毒属。病毒具有多型性和变异性，根据抗原不同，可分为 O 型、A

型、C型、亚洲Ⅰ型、南非Ⅰ型、南非Ⅱ型、南非Ⅲ型7个不同的血清型，各型之间均无交叉免疫性。口蹄疫病毒具有较强的环境适应性，耐低温，不怕干燥。对酚类、酒精、氯仿等不敏感，但对日光、高温、酸碱的敏感性很强。常用的消毒剂有1%～2%的氢氧化钠、30%的热草木灰、1%～2%的甲醛、0.2%～0.5%的过氧乙酸、4%的碳酸氢钠溶液等。

（2）流行特点。该病主要侵害偶蹄兽，如牛、羊、猪、鹿、骆驼等，其中以猪、牛最为易感，其次是绵羊、山羊和骆驼。人也可感染。病畜和带毒动物是该病的主要传染源，痊愈家畜可带毒4～12个月。病毒在带毒畜体内可产生抗原变异，产生新的亚型。本病主要靠直接和间接接触性传播，消化道和呼吸道传染是主要传播途径，也可通过眼结膜、鼻黏膜、乳头及伤口感染。空气传播对本病的快速大面积流行起着十分重要的作用，常可随风散播到50～100千米外。

（3）临床症状。羊感染口蹄疫病毒后一般经过1～7天的潜伏期出现症状。病羊体温升高，初期体温可达40～41℃，精神沉郁，食欲减退或拒食，脉搏和呼吸加快。口腔、蹄、乳房等部位出现水疱、溃疡和糜烂。严重病例可在咽喉、气管等黏膜上发生圆形烂斑和溃疡，上盖黑棕色痂块。绵羊蹄部症状明显，口黏膜变化较轻。山羊症状多见于口腔，呈弥漫性口黏膜炎，水疱见于硬腭和舌面，蹄部病变较轻。病羊水疱破溃后，体温即明显下降，症状逐渐好转。初生的羔羊危害严重，有时呈出血性肠炎，并因心肌炎而死亡。怀孕的母羊可导致流产。

（4）病理变化。病羊口腔、蹄部出现水疱和烂斑，消化道黏膜有出血性炎症，心肌色泽较淡，质地松软，心外膜与心内膜有弥散性及斑点状出血，心肌切面有灰白色或淡黄色、针头大小的斑点或条纹，如虎斑，称为“虎斑心”，以心内膜的病变最为明显。

（5）实验室检测。

①病原学检测：主要包括病毒分离鉴定、间接夹心酶联免疫吸附试验、RT－PCR、反向间接血凝试验。

②血清学检测：主要包括中和试验、液相阻断酶联免疫吸附试验、非结构蛋白ELISA、正向间接血凝试验。

（6）病例判定。出现符合该病流行特点和临床症状或病理变化指标之一，即可定为疑似口蹄疫病例。疑似口蹄疫病例经病原学检测方法任何一项阳性，即可确诊为口蹄疫病例。疑似口蹄疫病例不能进行病原学检测时，未免疫羊血清学检测抗体阳性或免疫羊非结构蛋白抗体ELISA检测阳性，可判定为口蹄病例。

（7）防治措施。

①预防措施：加强检疫，不从疫区引进偶蹄动物及产品。对所有羊严格按照免疫程序实施强制免疫。常用的免疫程序为种公羊、后备母羊每年接种疫苗2次，每间隔6个月免疫1次；生产母羊在产后1个月或配种前，免疫1次。成年羊每年免疫2次，每间隔6个月免疫1次。羔羊出生后4～5个月免疫1次，隔6个月再免疫1次。免疫剂量及免疫方法按说明书要求进行。

②疫情处置：一旦发生疫情，要遵照“早、快、严、小”的原则，严格执行封锁、隔离、消毒、紧急预防接种、检疫等综合扑灭措施。划定疫点、疫区、受威胁区。扑杀疫点内所有病畜及同群易感畜，并对病死畜和扑杀畜及其产品实施无害化处理；对排泄物、被污染饲料、垫料、污水等进行无害化处理；对被污染的或可疑污染的物品、交通工具、用具、畜舍、场地进行严格彻底消毒；对发病前14天出售的家畜及其产品进行追踪，并做扑杀和无害化处理。对疫区实施封锁，在疫区周围设置警示标志，在出入疫区的交通路口设置动物检疫消毒站，对出入的车辆和有关物品进行消毒；疫区内所有易感动物进行紧

急强制免疫，建立完整的免疫档案；关闭家畜交易市场，禁止活畜进出疫区及产品运出疫区；对交通工具、畜舍及用具、场地进行彻底消毒；对易感家畜进行疫情监测，及时掌握疫情动态；必要时对疫区内所有易感动物进行扑杀和无害化处理。对受威胁区最后一次免疫超过一个月的所有易感动物进行一次紧急强化免疫；疫区内最后 1 头病羊死亡或扑杀后，连续观察至少 14 天，再未发现新病例时，经彻底消毒，疫情监测阴性，才能解除封锁。

（二）绵羊痘/山羊痘防治技术

1. 概述

绵羊痘和山羊痘，分别是由痘病毒科羊痘病毒属的绵羊痘病毒、山羊痘病毒引起的绵羊和山羊的急性、热性、接触性传染病。羊痘是一个非常古老的动物疫病，在北非、中东、欧洲、亚洲及澳大利亚广泛流行。我国也是该病的多发区，西北地区、华中地区、华南地区是羊痘地区疫情集中区。绵羊疸和山羊痘被世界动物卫生组织列为必须报告的动物疫病，我国将其列为一类动物疫病。任何单位和个人发现患有本病或者疑似本病的病例，都应当立即向当地动物防疫监督机构报告，由动物防疫监督机构派专人进行临床和病理诊断，诊断为羊痘病例，必须在动物防疫监督机构指导和监督下进行疫情处置。

2. 技术特点

（1）病原特征。绵羊痘病毒和山羊痘病分类上属于痘病毒科，山羊痘病毒属。是有囊膜的双股 DNA 病毒。病毒主要存在于病羊皮肤、黏膜的丘疹、脓疱以及痂皮内，病羊鼻分泌物内也含有病毒，发热期血液内也有病毒存在。羊痘病毒对直射阳光、酸、碱和大多数常用消毒药（酒精、红汞、碘酒、来苏儿、福尔马林、石炭酸等）均较敏感，对醚和氯仿也较为敏感。耐干燥，在干燥的痂皮内能成活数月至数年，在干燥羊舍内可存活6～8个月。不同毒株对热敏感程度不一，一般在55℃下持续30分钟即可灭活。

（2）流行特点。在自然条件下，绵羊痘病毒只能使绵羊发病，山羊痘病毒只能使山羊发病，一般不会发生交叉感染。病羊是主要的传染源，主要通过呼吸道感染，也可通过损伤的皮肤或黏膜侵入机体。饲养和管理人员，以及被污染的饲料、垫草、用具、皮毛产品和体外寄生虫等均可成为传播媒介。本病传播快、发病率高，不同品种、性别和年龄的羊均可感染，羔羊较成年羊易感，细毛羊较其他品种的羊易感，粗毛羊和土种羊有一定的抵抗力。一年四季均可发生，我国多发于冬春季节，气候严寒、雨雪、霜冻、饲养管理不良等因素都有助于该病的发生和加重病情。该病一旦传播到无本病地区，易造成流行。

（3）临床症状。典型病例病羊体温升至40℃以上，2～5天后在皮肤上可见明显的局灶性充血斑点，随后在腹股沟、腋下和会阴等部位，甚至全身出现红斑、丘疹、结节、水泡，严重的可形成脓胞。某些品种的绵羊在皮肤出现病变前可发生急性死亡；某些品种的山羊可见大面积出血性痘疹和大面积丘疹，可引起死亡。非典型病例呈一过型羊痘，仅表现轻微症状，不出现或仅出现少量痘疹，呈良性经过。

（4）病理变化。病死羊体况明显消瘦，体表皮肤呈典型的痘疹，剖检可见呼吸道、消化道黏膜卡他性出血性炎症。咽、气管、支气管黏膜上有浅灰色小结节，并附有浓稠黏液，肺有干酪样的结节和卡他性肺炎区，有的痘疱散布在肺叶中，触摸坚硬，瘤胃、皱胃内壁有大小不等的半球状或圆形坚实的结节，有单个或几个融合，有的形成糜烂，有的发生溃疡。

（5）实验室检测。病原学检测可用电镜检查包涵体，血清学检测有中和试验。

（6）防治措施。

①预防措施：羊痘是一种急性传染病，要采取以免疫为主的综合性防治措施。一是消毒。羊舍、羊场环境、用具、饮水等应定期进行严格消毒；饲养场出入口处应设置消毒池，内置有效消毒剂。二是免疫。常用羊痘鸡胚化弱毒疫苗预防接种，每只羊接种0.5毫升，于尾根部皮下注射，注射后4～6天产生免疫力，免疫期为1年。三是监测。非免疫区域以流行病学调查、血清学监测为主，结合病原鉴定。免疫区域以病原监测为主，结合流行病学调查、血清学监测。异地引种时，应从非疫区引进。调运前隔离21天，并在调运前15天至4个月进行过免疫。

②疫情处置：根据流行病学特点、临床症状和病理变化做出的临床诊断结果，可做为疫情处理的依据。发现或接到疑似疫情报告后，动物防疫监督机构应及时派员到现场进行临床诊断、流行病学调查、采样送检。对疑似病羊及同群羊应立即采取隔离、限制移动等防控措施。当确诊后，应当立即划定疫点、疫区、受威胁区，并采取相应措施。对疫点内的病羊及其他同群羊彻底扑杀。对病死羊、扑杀羊及其产品进行无害化处理；对病羊排泄物和被污染或可能被污染的饲料、垫料、污水等要通过焚烧、密封堆积发酵等方法进行无害化处理。对疫区和受威胁区内的所有易感羊进行紧急免疫接种。对疫区、受威胁区内的羊群必须进行临床检查和血清学监测。疫区内没有新的病例发生，疫点内所有病死羊、被扑杀的同群羊及其产品按规定处理21天后，对有关场所和物品进行彻底消毒，才能解除封锁。

（三）羊快疫防治技术

1. 概述

羊快疫是由腐败梭菌经消化道感染引起的主要发生于绵羊

的一种急性传染病。

2. 技术特点

（1）病原特征。羊快疫的病原是腐败梭菌，为革兰氏阳性的厌氧大杆菌，菌体正直，两端钝圆，用死亡羊的脏器，特别是肝脏被膜触片染色后镜检，常见到无关节的长丝状菌体（图7－4）。在动物体内外均可产生芽孢，不形成荚膜，可产生多种毒素。

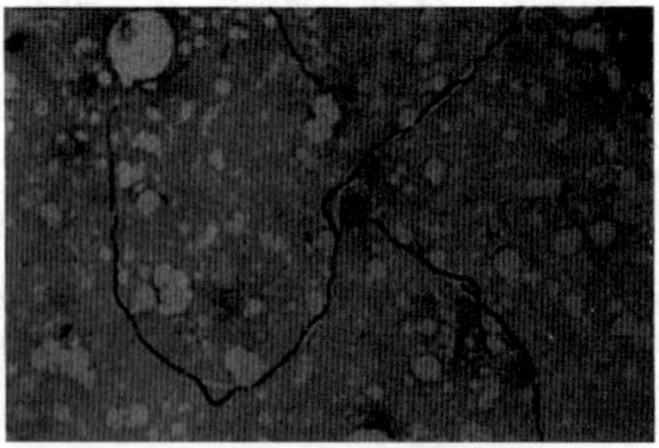

图7－4　长丝状腐败梭菌

（2）流行特点。羊快疫绵羊最易感，山羊和鹿也可感染。发病年龄多在6～18个月。腐败梭菌芽孢经口进入并存在于消化道，当受到不良因素的影响时，如秋冬和初春气候骤变，阴雨连绵时，羊感冒或采食不当，机体受到刺激，抵抗力下降，腐败梭菌则大量繁殖，产生外毒素，毒素使消化道黏膜，特别是真胃黏膜发生坏死和炎症，同时毒素随血液进入体内，刺激中枢神经系统，引起急性休克，使病羊急速死亡（图7－5）。常呈地方性流行，发病率10%～20%，病死率为90%。

（3）临床症状。突然发病，往往未表现出临床症状即倒地死亡，常常在放牧途中或在牧场上死亡，或早晨发现死在羊圈舍内。病程稍长的病羊离群独居，卧地，不愿意走动，强迫其行走时，则运步无力，运动失调。腹部臌胀，有疝痛表现。体

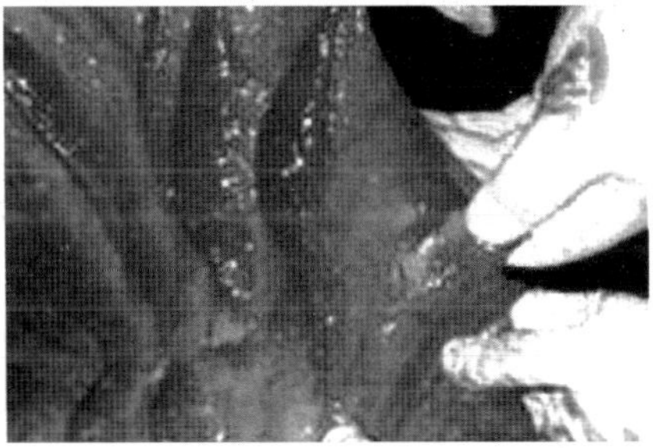

图 7-5　羊快疫病羊真胃黏膜出血性炎症

温有的升高到 41.5℃。发病羊以极度衰竭、昏迷至发病后数分钟或几天内死亡。

(4) 病理变化。病死羊尸体迅速腐败臌胀，可视黏膜充血呈暗紫色，体腔多有积液。特征性表现为真胃出血性炎症，胃底部及幽门部黏膜可见大小不等的出血斑点及坏死区，黏膜下水肿。肠道内充满气体，常有充血、出血、坏死或溃疡。心内、外膜可见点状出血。胆囊多肿胀。

(5) 实验室检测。迅速无菌采集病死羊脏器组织，同时作肝被膜触片或其他脏器涂片，用瑞氏染色法或美蓝染色法染色镜检，除见到两端钝圆、单个或短链状的粗大菌体外，也可观察到无关节的长丝状菌体链，革兰氏染色法则呈阳性反应。

病料采集后立即进行分离培养，用厌氧培养法进行分离鉴定。

(6) 防治措施。

①预防：加强饲养管理，特别是秋冬和初春气候骤变季节，要防止严寒突袭，安排好放牧时间，避免采食霜冻饲草。常发地区，每年定期注射“羊快疫、羊猝狙、羊肠毒血症”三联苗或“羊快疫、羊猝狙、羊肠毒血症、羔羊痢疾、黑疫”五联苗。

②治疗：发病时要及时隔离病羊，对病死羊尸体及排泄物

应深埋；被污染的圈舍和场地、用具用3%的烧碱溶液或20%的漂白粉溶液消毒。对同群羊进行紧急预防接种，同时全群灌服10%的石灰水100毫升或2%的硫酸铜100毫升或0.5%高锰酸钾250毫升。对病程稍长的病羊治疗用青霉素肌内注射，每次80万~160万单位，每日2次。也可选用卡那霉素、磺胺及喹诺酮类药物进行治疗抗菌消炎；静脉注射10%安钠咖10毫升、10%~25%葡萄糖100~200毫升/次。

（四）羊传染性胸膜肺炎

1. 概述

羊传染性胸膜肺炎又称羊支原体性肺炎，俗称“烂肺病”。是由支原体引起的羊的一种高度接触性传染病。其特征是纤维性胸膜肺炎。该病许多国家都有发生，我国饲养山羊的地区较为多见。

2. 技术特点

（1）病原特征。羊传染性胸膜肺炎的病原为多种支原体，常见的有丝状支原体山羊亚种和绵羊肺炎支原体。丝状支原体山羊亚种，属于支原体科、支原体属。丝状支原体为一细小、多形性微生物，革兰氏染色阴性，用姬姆萨氏法、卡斯坦奈达氏法或美蓝染色法着色良好。丝状支原体山羊亚种对理化因素的抵抗力弱，对红霉素高度敏感，四环素也有较强的抑菌作用，但对青霉素、链霉素不敏感；而绵羊肺炎支原体则对红霉素不敏感（图7-6）。

（2）流行特点。在自然条件下，丝状支原体山羊亚种只感染山羊，3岁以下的山羊最易感染，而绵羊肺炎支原体则可感染山羊和绵羊。病羊和带菌羊是本病的主要传染源。本病常呈地方流行性，接触传染性很强，主要通过空气—飞沫经呼吸道传染。阴雨连绵，寒冷潮湿，羊群密集、拥挤等因素，易于发病。

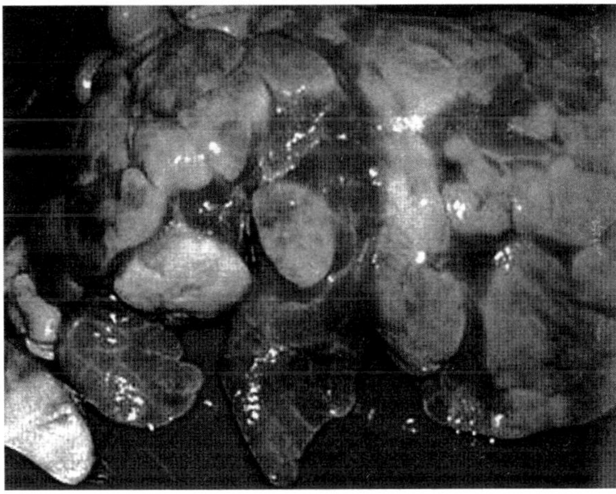

图 7－6　肺实质肝变

多发生在山区和草原，主要发病于冬季和早春枯草季节，羊只营养缺乏，容易受寒感冒，因而机体抵抗力降低，较易发病，发病后病死率也较高，呈地方流行。冬季流行期平均为 15 天，夏季可维持 2 个月以上。

（3）临床症状。潜伏期平均 18～20 天。病初体温升高，精神沉郁，食欲减退，随即咳嗽，流浆液性鼻漏。4～5 天后咳嗽加重，干咳而痛苦，浆液性鼻漏变为黏脓性，常黏附于鼻孔、上唇，呈铁锈色。病羊多在一侧出现胸膜肺炎变化，肺部叩诊有实音区，听诊肺呈支气管呼吸音或呈摩擦音，触压胸壁，羊表现敏感、疼痛。病羊呼吸困难，高热稽留，眼睑肿胀，流泪或有黏液—脓性分泌物，腰背拱起作痛苦状。怀孕母羊可发生流产，部分羊肚胀腹泻，有些病例口腔溃烂，唇部、乳房等部位皮肤发疹。病羊在濒死前体温降至常温以下，病期多为 7～15 天。

（4）病理变化。病变多局限于胸部。胸腔常有淡黄色积液，暴露于空气后其中的纤维蛋白易于凝固。病理损害多发生于一侧，常呈纤维蛋白性肺炎，间或为两侧性肺炎。肺实质肝变，切面呈大理石样变化。肺小叶间质变宽，界限明显。血管内常有血栓形成。胸膜增厚而粗糙，常与肋膜、心包膜发生粘连。支气管淋巴结、纵膈淋巴结肿大，切面多汁并有出血点。心包积液，心肌松弛、变软。肝脏、脾脏肿大，胆囊肿胀。肾脏肿大，被膜下可见有小点出血。病程久者，肺肝变区肌化，结缔组织增生，甚至有包囊化的坏死灶。

（5）实验室检测。

①病原检查：无菌采集急性病例肺组织、胸腔渗出液等作为病料，涂片姬姆萨氏法、瑞氏法或美蓝染色法染色镜检可见到无细胞壁，呈杆状、丝状、球状等多形态特性菌体。

分离培养病料接种于血清琼脂培养基，37℃培养 3 ~ 6 天，长出细小、半透明、微黄褐色的菌落，中心突起呈“煎蛋”状，涂片染色镜检，可见革兰氏染色阴性、极为细小的多形性菌体。也可用液体培养基进行分离培养，于培养基中加入特异性抗血清进行生长抑制试验，鉴定病原。

②血清学诊断：常用的方法有琼脂免疫扩散试验、玻片凝集试验和荧光抗体试验。

（6）防治措施。

①预防：提倡自繁自养，新引入的山羊，至少隔离观察 1 个月，确认无病后方可混群。保持环境卫生，改善羊舍通风条件，经常用百毒杀 1 000倍液对羊舍及四周环境喷雾消毒。做好免疫，对疫区的假定健康羊接种疫苗，我国目前羊传染性胸膜肺炎疫苗有用丝状支原体山羊亚种制造的山羊传染性胸膜肺炎氢氧化铝苗、鸡胚化弱毒苗和绵羊肺炎支原体灭活苗，可根据当地病原体的分离结果，选择使用。

②疫情处置：发病羊群应进行封锁，及时对全群进行逐头

检查，对病羊、可疑病羊和假定健康羊分群隔离和治疗；对被污染的羊舍、场地、饲管用具和病羊的尸体、粪便等进行彻底消毒或无害化处理。

③治疗：使用新砷凡纳明“914”治疗、预防本病有效。5个月龄以下羔羊0.1～0.15克，5个月龄以上羊0.2～0.25克，用灭菌生理盐水或5%葡萄糖盐水稀释为5%溶液，一次静脉注射，必要时间隔4～9天再注射1次。可试用磺胺嘧啶钠注射液，皮下注射，每天1次；病的初期可使用氟苯尼考按每千克体重20～30毫克肌内注射，每天2次，连用3～5天；酒石酸泰乐菌素每天每千克体重6～12毫克肌内注射，每天2次，3～5天为1个疗程。也可使用强力霉素治疗，效果明显。

三、肉羊常见寄生虫病防治技术

（一）羊血吸虫病防治技术

1. 概述

羊血吸虫病是日本血吸虫寄生在羊门静脉、肠系膜静脉和盆腔静脉内，引起贫血、消瘦与营养障碍的一种寄生虫病。日本血吸虫病是互源性人兽共患的寄生虫病，流行因素包括自然、地理、生物和社会因素，错综复杂。宿主除人外，自然感染日本血吸虫病的动物有牛、山羊、绵羊、马、驴、骡、猪、犬、猫和野生动物，近40多种，几乎各种陆生动物均可感染，而且人与动物之间可以互相传播。

2. 技术特点

（1）病原特征。病原为日本血吸虫，为雌雄异体（图7－7）。雄虫呈乳白色，短粗，虫体长10～22毫米，宽0.5～0.55毫米，向腹面弯曲，呈镰刀状。体壁从腹吸盘到尾由两侧面向腹面卷曲，形成抱雌沟，雌雄虫体常呈抱合状态。雌虫细长，长 12～26 毫米，宽 0.1～0.3 毫米。子宫内含有 50～300 个虫卵，虫卵呈短卵圆形，淡黄色，无卵盖。

图 7－7　日本血吸虫

日本血吸虫多寄生于肠系膜静脉，有的也见于门静脉，雄雌虫交配后，雌虫产出的虫卵堆积于肠壁微血管，借助堆积的压力和卵内毛蚴分泌的溶组织酶，使虫卵穿过肠壁进入肠腔，随粪便排出体外。

虫卵落入水中，在 25～30℃温度下很快孵出毛蚴。毛蚴从卵内出来在水中自由游动，当遇到中间寄主椎实螺，钻入钉螺内，经 6～8 周，发育成胞蚴、子胞蚴，形成尾蚴。尾蚴离开螺体在水中游动，遇到终末宿主后，借助于穿刺腺分泌的溶组织酶，从皮肤进入皮下组织的小静脉内，随血液循环在门静脉发育为成虫，然后移居到肠系膜静脉（图 7－8）。

（2）临床症状。病羊多表现慢性经过，只有突然感染大量尾蚴时，才表现急性发病。急性型病畜表现体温升高，呈不规则的间歇势。精神沉郁，倦怠无力，食欲减退。呼吸困难，腹

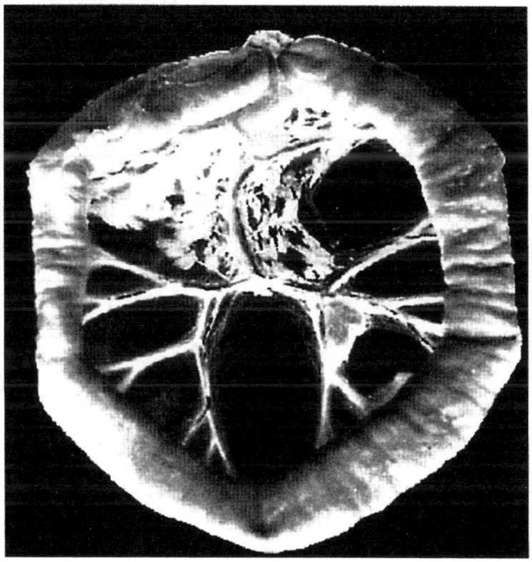

图 7－8　日本血吸虫病小肠及肠系膜病变

泻，粪中混有黏液、血液和脱落的黏膜。腹泻加剧者，出现水样便，排粪失禁。常大批死亡。慢性型病畜表现为间歇性下痢，有时粪中带血。可视黏膜苍白，精神不佳，食欲下降，日渐消瘦，颌下及腹下水肿。幼畜发育不良，孕畜易流产。

（3）病理变化。病畜尸体消瘦，贫血，腹水增加。病初肝脏肿大，后期萎缩硬化，肝表面和切面有粟粒至高粱粒大、灰白色或灰黄色结节。严重时肠壁、肠系膜、心脏等器官可见到结节。大肠，尤其是直肠壁有小坏死灶、小溃疡及瘢痕。在肠系膜血管、肠壁血管及门静脉中可发现虫体。

（4）检测技术。

①病原学检查：直接虫卵检查法：于载玻片滴上生理盐水，用竹签挑取粪便少许，直接涂片，置显微镜下检查虫卵；或取新鲜粪便 20 克，加清水调成浆，用 40～60 目铜筛网过滤，滤液收集在 500 毫升烧杯中，静置 30 分钟，倾去上清液，加清水混

匀，静置20分钟，倾去上清液，反复几次，沉渣涂片检查虫卵。

孵化法：取新鲜粪便30克，加清水调成浆，用40~60目铜筛网过滤，滤液收集在500毫升烧杯中，静置30分钟，倾去上清液，加清水混匀，静置20分钟，倾去上清液，反复几次，将沉渣置于250毫升三角烧杯中，加清水至瓶口，置于25~30℃下孵化，每隔3小时、6小时、12小时观察一次，检查有无毛蚴出现。

②变态反应检查：用成虫抗原皮内注射0.03毫升，15分钟后，检查有无出现丘疹，丘疹直径8毫米以上者为阳性。

③血清学检查：环卵沉淀法：取载玻片一个，加受检者血清2滴，再加虫卵悬液1滴（100个左右虫卵），加盖玻片，周围用石蜡密封，置37℃孵育48小时，在高倍显微镜下检查，卵周围出现泡状、指状或带状沉淀物，并有明显折光且边缘整齐，即为阳性反应卵。阳性反应卵占全片虫卵的2%以上时，即判为阳性。此外还有间接血凝、酶联免疫吸附试验、免疫电泳试验等方法。

（5）防治措施。根据该病原特点、发育过程及流行特点采用下述措施。

①治疗病畜：防治血吸虫药物有以下几种。

硝硫氰胺剂量按每千克体重4毫克，配成2%~3%水悬液，颈静脉注射。

吡喹酮剂量按每千克体重30~50毫克，1次口服。

六氯对二甲苯剂量按每千克体重200~300毫克，灌服。

②杀灭中间宿主：结合水土改造工程，排除沼泽地和低洼牧场的水，利用阳光暴晒，杀死螺蛳。也可用五万分之一的硫酸铜溶液或百万分之二点五的血防67对椎实螺进行浸杀或喷杀。

③安全用水：选择无螺水源，实行专塘用水，以杜绝尾蚴的感染。

④预防驱虫：在4月、5月和10月、11月定期驱虫，病羊要淘汰。

⑤无害化处理粪便：疫区内粪便进行堆肥发酵和制造沼气，既可增加肥效，又可杀灭虫卵。

⑥人畜同步查治：对人和家畜按时检查，及时治疗。

（二）羊东毕吸虫病防治技术

1. 概述

羊东毕吸虫病是由东毕属的各种吸虫寄生于羊肠系膜静脉和门静脉中引起的一种疫病。东毕吸虫病呈世界性分布，亚洲的印度、蒙古、伊拉克、哈萨克斯坦和欧洲的俄罗斯、法国等国，我国的20个省市自治区均有此病发生，是一种危害十分严重的人兽共患寄生虫病。除羊感染外，黄牛、水牛、马、驴、猫、兔、骆驼和马鹿等都可感染，人也能感染。人感染尾蚴后，发生尾呦性皮炎。东毕吸虫病对羊危害相当严重，其流行与中间宿主椎实螺关系相当密切，每次大流行都是由于降雨量大，造成外洪内涝，草原积有大量水，为螺提供了繁衍的良好环境，导致牛、羊东毕吸虫病大面积暴发。

2. 技术特点

（1）病原特征。东毕吸虫病的病原主要是土耳其斯坦东毕吸虫，在我国分布最广。东毕吸虫为雌雄异体，雄虫乳白色，体长4.0～8.0毫米，宽0.36～0.42毫米，在腹吸盘之后体壁向腹面卷曲，形成抱雌沟，雌雄虫体常呈抱合状态。雌虫呈暗褐色，体长3.65～8.0毫米，宽0.07～0.11毫米。子宫内常只有一个椭圆形虫卵，棕黄色，一端钝圆，另一端较尖，尖的一端有一卵盖（图7－9）。

东毕吸虫成虫寄生于家畜的门静脉及肠系膜静脉中，产出的虫卵一部分随血流进入肝脏，堆积在一起形成结节，被结缔组织包埋钙化死亡。或由虫卵分泌的溶组织酶使结节破溃，虫卵再随血流、胆汁进入小肠。一部分虫卵由于重力下降至肠黏膜血管聚集成堆，阻塞血管，使血管内血流阻滞而管腔扩大，由于腹内压力改变，肠肌收缩，加上虫卵内毛蚴分泌的溶组织酶作用使肠壁组织破坏，虫卵落入肠腔，随粪便排出体外。虫卵落入水中，在适宜的条件下很快孵出毛蚴，毛蚴在水中游动，遇到中间宿主椎实螺类，即钻入其体内，经胞蚴、子胞蚴发育到成熟的尾蚴，尾呦离开中间宿主进入水中。当羊到水中吃草、饮水时，便从皮肤钻入其体内。随血流到门静脉和肠系膜静脉发育为成虫。

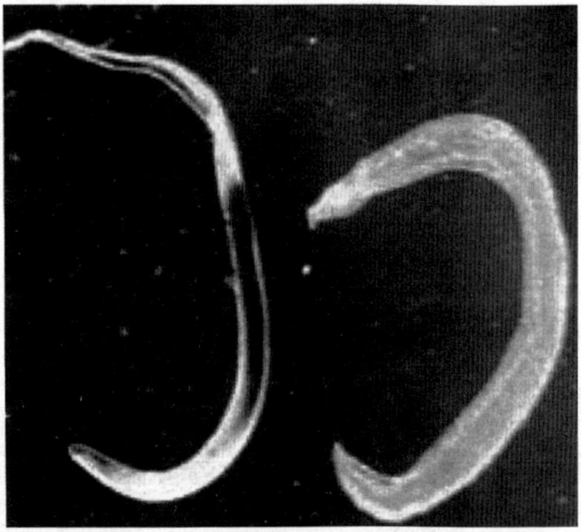

图7－9　土耳其斯坦东毕吸虫

（2）临床症状。本病多为慢性经过，个别情况下出现急性病例。急性型常发生在幼龄羊或从外地新引进的羊，主要是由于突然感染大量的尾蚴后发生。病羊表现为发热、食欲减退，呼吸促迫，下痢，消瘦。可造成大批死亡，耐过后转为慢性。慢性型表现为消瘦，可视黏膜苍白，略有黄染。下颌及腹部多有不同程度的水肿，腹围增大。长期腹泻，粪便中混有黏液，幼龄羊生长缓慢，孕羊容易流产。

(3) 病理变化。患病尸体明显地消瘦，贫血，腹腔内有大量的腹水。感染数千条虫体以上的病例其肠黏膜及大网膜均有明显的胶冻样浸润。在肠黏膜上有出血点或坏死灶，肠系膜淋巴结水肿。肝脏质地变硬，表面凸凹不平，散布着大小不等的灰白色虫卵结节。肠系膜静脉和门静脉内可发现线状虫体。

(4) 检测技术。东毕吸虫虫卵较少，在感染的情况下，从粪便不易检查到虫卵，通常根据死后病理变化和寄生数量进行诊断。

粪便检查则采用毛蚴孵化法：取新鲜粪便 100 克，置于 500 毫升烧杯中，加清水搅拌均匀，用 40～60 目铜筛过滤，滤液放入 500 毫升三角烧杯中，静置 30 分钟，倾去上清液，沉渣再用清水冲洗，如此反复 3～5 次，至上层液体清澈为止。（当水温在 15℃以上时，第一次换水后，改用1.0% 的盐水洗粪，如水温在 18℃以上时，全部洗粪和沉淀用水均用 1.0% 的盐水。）倾去上清液，将沉渣移入 250 毫升三角烧杯中，加温水至距瓶口 0.5～1 毫米处，调 pH 值为 7.5～7.8，置于 22～28 ℃进行孵化。孵化后 30 分钟、1 小时各观察 1 次，以后每 2～3 小时观察 1 次，直至 24 小时为止。如见到毛蚴在液面下做平行直线游泳则为阳性。此时用吸管吸取置于载玻片上，在显微镜下识别。

(5) 防治措施。根据该病原特点、发育过程及流行特点采用下述措施。

①治疗病畜：选用驱虫药物要以高效、低毒、副作用小为原则，当前常用的药物有以下几种。

吡喹酮按每千克体重 30～50 毫克，1 次口服或按每千克体重 20 ~ 40 毫克肌内注射。

硝硫氰胺按每千克体重 4 毫克，配成 2% ~ 3% 水悬液，颈静脉注射。

②无害化处理粪便：患畜粪便中含有很多虫卵，要将粪便堆积发酵，杀死虫卵。特别是驱虫后排出的粪便，更要严格管理，不要随地排放。

③杀灭中间宿主：排除沼泽地和低洼牧场的水，利用阳光暴晒，杀死螺蛳；也可用五万分之一的硫酸铜溶液或百万分之二点五的血防 67 对椎实螺进行浸杀或喷杀。

④禁止羊与污水接触：在流行地区，保持羊饮用水清洁卫生，尽量饮用自来水、井水或流动的河水等清洁的水，不让羊饮用池塘、沼泽、水潭及沟渠里的脏水和死水。

（三）羊螨病防治技术

1. 概述

羊螨病又称羊疥癣，是由疥螨和痒螨寄生于皮肤，引起患羊发生剧烈痒感以及各种类型的皮肤炎症为特征的寄生虫病。螨病是绵羊主要体外寄生虫之一，发病率达到 20% ~ 30%，严重的高达 100%。该病是由于健畜接触患畜或通过有螨虫的畜舍、用具和工作人员的衣物等而感染，犬及其他动物也可以成为传播媒介。主要发生于秋末、冬季和初春，尤其是阴雨天气，蔓延快，发病剧烈（图 7 – 10）。

2. 技术特点

（1）病原特征。羊螨病的病原是螨，分为痒螨和疥螨两类。羊痒螨寄生在皮肤的表面，成虫为椭圆形，假头呈圆椎形。虫体大小 0. 5 ~ 0. 9 毫米，有 4 对细长的足。疥螨寄生在皮肤角质层下，成虫呈圆形，大小为 0. 2 ~ 0. 5 毫米，浅黄色，体表有大量小刺，虫体腹面前部和后部各有两对粗短的足。

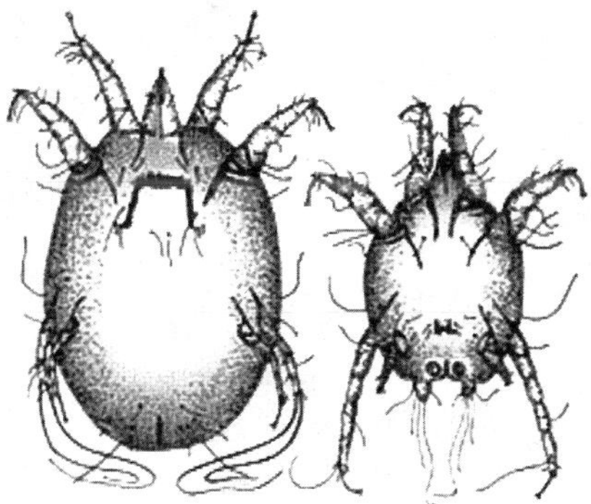

图 7－10　螨虫

螨终生寄生在羊身上，痒螨雌虫在羊毛之间的寄生部位产卵，一个雌虫一生能产 90～100 个卵。卵经 3～4 天孵化出六脚幼虫，幼虫经 2～3 天变为若虫。若虫蜕 2 次皮后，再过 3～4 天变成成虫，全部发育过程需 10～11 天。疥螨雌虫在皮下产卵，一个雌虫一生能产 20～40 个卵。卵经 3～7 天孵化成六脚幼虫，再经数日变成小疥虫，以后发育为成虫，全部发育过程需 15～20 天。

（2）典型症状。患羊主要表现为剧痒、消瘦、皮肤增厚、龟裂和脱毛（图 7－11）。绵羊的螨病一般都为痒螨所侵害，病变首先在背及臀部毛厚的部位，以后很快蔓延到体侧。患部皮肤开始出现针头大至粟粒大结节，继而形成水疱脓疱，渗出浅黄色液体，进而形成结痂。病羊皮肤遭到破坏、增厚、龟裂及脱毛。山羊螨病一般为疥螨所侵害，但山羊螨病较少见。山羊疥螨首先发生于鼻唇、耳根、腔下、鼠蹊部、乳房及阴囊等皮肤薄嫩、毛稀处。患螨病羊烦躁不安，终日啃咬和摩擦患部，影响正常的采食和休息，日渐消瘦，最终可极度衰竭而死亡。

（3）实验室检测。

图 7－11　羊螨病皮肤病变

①直接检查：刮取前剪毛，用经过火焰消毒的凸刃小刀涂上 50% 甘油水溶液，使刀刃与皮肤表面垂直，在皮肤的患部与健康部交界处刮取皮屑，一直刮到皮肤轻微出血为止。将刮取的皮肩弄碎，放在培养皿内或黑纸上，在日光下暴晒，或用热水、炉火等对皿底或黑纸底面加温至 40～50℃，经 30～40 分钟后，将痂皮轻轻移走，用肉眼或利用放大镜观察螨虫移动。

②显微镜镜检：将刮取的皮屑，直接涂在载玻片上，滴加液体石蜡或含 50% 甘油的生理盐水，置低倍显微镜下观察活螨虫。

③沉淀法：将刮取的皮屑放入试管中，加入 10% 的氢氧化钠溶液，浸泡过夜（如急待检查可在酒精灯上煮沸 10 分钟），取沉渣镜检。

④漂浮法：刮取较多量的皮屑放入试管中，加入 10% 的氢氧化钠溶液，浸泡过夜（如急待检查可在酒精灯上煮沸 10 分钟）取沉渣，向沉渣中加入 60% 硫代硫酸钠溶液，直立静置 10 分种后待虫体上浮，取表层液镜检。

（4）防治措施。采取“预防为主、以检促防、防治结合”的原则。

畜舍要宽敞、干燥、透光、通风良好，羊群密度适宜（0.8～1.2平方米/只）。

畜舍要经常清扫，保持清洁，防止犬和其他带螨动物进入羊舍。定期消毒畜舍和饲养管理用具（至少每两周一次）。可用0.5%敌百虫水溶液喷洒墙壁、地面及用具，或用80℃以上的20%热石灰水洗刷畜舍的墙壁和柱栏，消灭环境中的螨。

每年春、秋两季定期进行药浴或预防性药物驱虫，可取得预防与治疗的双重效果。

对羊只定期检疫，经常巡视羊群，注意观察羊群中有无发痒、掉毛现象。可疑羊只马上隔离、检查、确诊、治疗。

及时治疗病羊。可采取涂药疗法、药浴疗法、注射疗法。

涂药疗法：用新灭癞灵稀释成1%～2%的水溶液，以毛刷蘸取药液刷拭患部。因为虫体主要集中在病灶的外围，所以一定要把病灶的周围涂上药，并要适当超过病灶范围。另外当患部有结痂时，要反复多刷几次，使结痂软化松动，便于药液浸入，以杀死痂内和痂下的虫体和虫卵。也可选用0.05%的辛硫磷、螨净或溴氰菊酯乳剂（每100毫升乳剂对水10千克）进行治疗。

药浴疗法：用药浴液对羊只体表进行洗浴，以杀死或预防体表寄生虫如疥癣、虱、蜱等。该法适用于病畜数量多且气候温暖的季节，一般在绵羊剪毛、山羊抓绒后7～10天进行。第1次药浴后8～14天应进行第2次药浴。药浴液可选用0.1%～0.2%新灭癞灵、0.05%辛硫磷或螨净进行药浴。

注射疗法：注射阿维菌素、伊维菌素，重者7～10天后再重复注射1次。

第六节　常用药物

一、羊给药方法

根据药物的种类、性质、使用目的以及羊的饲养方式，选择适宜的用药方法。临床上一般采用以下给药方法。

（一）个体给药

（1）口服给药。口服给药简便，适合大多数药物，可发挥药物在胃肠道的作用，如肠道抗菌药、驱虫药、制酵药、泻药等，常常采用口服。常用的口服方法有灌服、饮水、混到饲料中喂服、舔服等。应在饲喂前服用的药物有苦味健胃药、收敛止泻药、胃肠解痉药、肠道抗感染药、利胆药。应空腹或半空腹服用的药物有驱虫药、盐类泻药。刺激性强的药物应在饲喂后服用。

（2）注射给药。注射给药优点是吸收快而完全，药效出现快。不宜口服的药物，大都可以注射给药。常用的注射方法有皮下注射、肌内注射、静脉注射、静脉滴注；此外，还有气管注射、腹腔注射，以及瘤胃、直肠、子宫、阴道、乳管注入等。皮下注射将药物注入颈部或股内侧皮下疏松结缔组织中，经毛细血管吸收，一般 10～15 分钟即可出现药效；刺激性药物及油类药物不宜皮下注射。肌内注射将药物注入富含血管的肌肉（如臀肌）中，吸收速度比皮下注射快，一般经 5～10 分钟即可出现药效。油剂、混悬剂也可肌内注射，刺激性较大的药物，可注于肌肉深部，药量大的应分点注射。静脉注射将药物注入体表明显的静脉中，作用最快，适用于急救、注射量大或刺激性强的药物。

（3）灌肠法。灌肠法是将药物配成液体，直接灌入直肠内，羊可用小橡皮管灌肠。先将直肠内的粪便清除，然后在橡皮管前端涂上凡士林，插入直肠内，把橡皮管的盛药部分提至高于羊的背部。灌肠完毕后，拔出橡皮管，用手压住肛门或拍打尾根部，以防药物排出。灌肠药液的温度，应与体温一致。

（4）胃管法。给羊插入胃管的方法有 2 种，一是经鼻腔插入，二是经口腔插入。胃管正确插入后，即可接上漏斗灌药。

药液灌完后，再灌少量清水，然后取掉漏斗，用嘴吹气，或用橡皮球打气，使胃管内残留的液体完全入胃，用拇指堵住胃管口，或折叠胃管，慢慢抽出。该法适用于灌服大量水剂及有刺激性的药液。患咽炎、咽喉炎和咳嗽严重的病羊，不可用胃管灌药。

（5）皮肤、黏膜给药。通过皮肤和黏膜吸收药物，使药物在局部或全身发挥治疗作用。常用的给药方法有滴鼻、点眼、刺种、毛囊涂搽、皮肤局部涂搽、药浴、埋藏等。刺激性强的药物不宜用于黏膜。

（二）群体给药

（1）混饲给药。将药物均匀混入饲料中，让羊吃料同时吃进药物，适用于长期投药。不溶于水或适口性差的药物用此法更为恰当。药物必须与饲料混合均匀，并应准确掌握饲料中药物的浓度。

（2）混水给药。将药物溶解于水中，让羊自由饮用。此法适用于因病不能吃食，但还能饮水的羊。采用此法须注意根据羊可能饮水的量，来计算药量与药液浓度；限制时间饮用药液，以防止药物失效或增加毒性等。

（3）气雾给药。将药物以气雾的形式喷出，让羊经呼吸道吸入而在呼吸道发挥局部作用，或使药物经肺泡吸收进入血液而发挥全身治疗作用。若喷雾于皮肤或黏膜表面，则可发挥保护创面、消毒、胃部麻醉、止血等局部作用。本法也可供舍内空气消毒和杀虫之用。气雾吸入要求药物对羊呼吸道无刺激性，且药物应能溶于呼吸道的分泌液中。

（4）药浴。可杀灭羊体表寄生虫，但需要药浴设施。药物最好是水溶性的，药浴应注意掌握好药液浓度、温度和浸洗的时间。

二、羊常用药品的使用

用于羊预防、治疗和诊断疾病的兽药必须符合《中华人民共和国兽药典》《中华人民共和国兽药规范》《兽药质量标准》和《进口兽药质量标准》的相关规定。优先使用符合《中华人民共和国兽用生物制品质量标准》《进口兽药质量标准》的疫苗预防羊疾病。

允许使用《中华人民共和国兽药典》（二部）及《中华人民共和国兽药规范》（二部）收载的用于羊的兽用中药材、中药成方制剂。允许使用国家畜牧兽医行政管理部门批准的微生态制剂。

三、药物使用注意事项

严格遵守药物使用规定的作用与用途、用法与用量及其他注意事项。严格遵守规定休药期。所用兽药必须来自具有《兽药生产许可证》和产品批准文号的生产企业，或者具有《进口兽药许可证》的供应商。所有兽药的标签必须符合《兽药管理条例》的规定。

建立并保存免疫程序记录；建立并保存全部用药记录。治疗、用药记录包括羊编号、发病时间及症状、药物名称（商品名、有效成分、生产单位）、给药途径、给药剂量、疗程、治疗时间等；预防或促生长混饲用药记录包括药品名称（商品名、有效成分、生产单位及批号）、给药剂量、疗程等。

第七节　羊病的预防措施

在养羊生产中，常常会发生各种羊病，因此在发展养羊生产的同时，首先应做好羊疫病的预防工作。羊病的防治，必须认真贯彻“预防为主，防重于治”的方针。只有这样，才能使羊少发病，保证羊只健康的生长发育。

一、科学饲养管理

有几句谚语说得好，“羊以瘦为病，病由膘瘦起，体弱百病兴”。加强饲养管理，可以增强羊的体质，提高生产性能，也是防疫灭病的基础。生产中所饲喂的饲草、饲料，都要保证质优、无毒、无霉变、无农药污染，并要注意合理搭配，不能长期饲喂某种单一饲料，以防引起某种营养物质缺乏症。更换草料要逐渐进行，以防前胃疾病的发生。对舍饲的羊群，要保证适当运动，随时掌握每只羊的采食和饮水情况，防止羊只互相抵架和舔舐被毛，以防造成外伤及毛球阻塞胃肠。绵羊的羔羊要在3~5日龄及时断尾，公羊1~2月龄去势。山羊的公羔，如不做种用要在10~20日龄去势、去角基，以防互相爬跨、乱交乱配，还能提高公羊的生长发育速度及羊肉品质。

二、搞好环境卫生及定期消毒

（一）搞好环境卫生

羊喜欢干燥卫生的环境。潮湿的环境易使羊发生寄生虫病、腐蹄病或感染其他疾病。圈舍要及时清扫，垫上干土或其他干燥松软的垫料。保持圈舍空气新鲜、干燥、温度适宜。饲草、饲料放到草架上，防止被尿液粪便污染，料槽、饮水槽要每天清洗，定期用0.1%的高锰酸钾溶液进行消毒。经常保持有清洁新鲜的饮水，以便羊随时饮用。

（二）圈舍定期消毒

羊的圈舍要定期消毒，消毒是用各种方法消除病原微生物及寄生虫、虫卵对羊的危害，是预防和消灭疫病的一项重要措施。消毒对象包括棚圈、粪便、土壤、尸体、衣物等。可将热草木灰、生石灰粉撒在圈舍内，也可以用以下药品消毒圈舍和用具：3%的来苏儿溶液用于圈舍、用具、手等消毒；10%~

15%的生石灰溶液用于圈舍、排泄物等消毒；0.5%过氧乙酸溶液用于喷洒地面、墙壁、食槽等；1%～2%的氢氧化钠溶液用于被细菌、病毒污染的圈舍、地面和用具的消毒；抗毒威1：400稀释喷洒进行圈舍消毒。蚊蝇开始滋生的季节还应喷洒消灭蚊蝇的药液，如灭蚊灵、灭蝇灵等以消灭蚊蝇。但要注意安全，以防误伤羊群。

三、严格执行检疫制度

检疫是贯彻“预防为主”方针中不可缺少的重要一环。通过检疫，可以及早发现疫病，及时采取防治措施，做到就地控制和扑灭，防止疫病蔓延。检疫是对羊群定期进行健康检查，抽检化验，及时发现病羊，进行隔离治疗或处理，清除传染源。新购入的羊只检疫化验后，证实无病方可入群，防止疫病传入。

四、预防接种和药物预防

有计划地定期预防接种和驱虫药浴，是每年羊群防疫工作最重要的两项工作。要按照科学的免疫程序，定期适时地进行免疫接种；在驱虫药浴中严格遵守操作规程，准确的配制药液浓度，才能有效地控制羊群的疫病发生。防疫效果的好坏，取决于羊体的健康状况、药品质量、操作技术和防疫密度。

“百治不如一防（预防），百防不如一抓（抓膘）”，充分说明羊群营养与疾病防治的关系及羊病预防的重要性。

第八章　肉羊场的生产经营与管理

第一节　肉羊场的标准化生产与管理

对肉羊饲养场科学的经营管理，是肉羊规模饲养的一个重要环节。一个肉羊生产场能否产出更多的优质、低耗、高效的产品，达到预期的经营目的，不仅取决于肉羊科学饲养技术的运用程度，同时也取决于经营管理的好坏。因此，生产者不断提高自己的科学管理素质，认识和掌握肉羊生产的经济规律，搞好肉羊场的经营管理，是非常必要的。

一、肉羊场的技术管理

肉羊场属于经济羊场，以生产羊肉和羊皮为主，也生产一定数量的羊毛，故在技术管理上要积极创造条件，推广应用新技术。例如，当年羔育肥当年屠宰技术措施、提高羊群周转速度的各种技术等。

(一) 饲养管理方式

肉羊生产的饲养管理方式取决于当地的自然、经济条件和饲养管理水平。肉羊生产的主要方式有 3 种，即放牧育肥、舍饲育肥和放牧舍饲育肥。一般来说，放牧育肥是在水草条件较好的草场进行的，是比较经济的育肥方式，为了提高育肥效果，最好是春夏季羊群鉴定时就选好要淘汰的羊只，在育肥前期放较差的草场，后期再放较好的草场。舍饲育肥是在秋冬季节牧草质量变差时进行的，育肥期不易过长，饲料配制上要保证全价性和多样性，使育肥效果显著。放牧补饲育肥是指在放牧的同时给予适当的补饲，补饲时间最好选在屠宰前2~3个月。实践证明，肉羊的育肥速度与效果受到年龄和饲草料质量的影响，所以，无论采用哪种饲养管理方式，要想降低单位增重的成本，就必须注意饲料的充足供给与营养的全价，并做到适时屠宰。

（二）羊群的分组与结构

（1）羊群分组。羊群一般分为种公羊、成年母羊、后备羊或育成羊、羔羊和去势羊等组别，其中，成年母羊又可分为空怀期母羊、妊娠母羊、哺乳母羊。羔羊是指出生后未断奶的小羊。后备羊是从断奶后羔羊中选留出来用于繁殖的公羊和母羊。除后备羊以外，其余羊只均可用于育肥或出售，按传统养羊方式，非种用公羔一般要去势，称为去势羊或羯羊；但在现代肉羊生产中，因肥羔生产中羔羊利用年限提前，为保持公羊早期的生长优势，通常不作去势处理。成年母羊是12~18月龄配种受孕后的后备母羊，一般使用6年左右，当牙齿脱落、繁殖效率较差或患有不易医治的疾病时应提前淘汰，安排育肥屠宰。种公羊是从后备公羊中选留的，一般在12~18月龄时成熟并开始使用，使用期一般为5年，但正在杂交改良过程中的羊或经济杂交中的杂种羊，因遗传性不稳定，不能留作种公羊，其所用种公羊，应从种羊场购买。

（2）羊群结构。是指各个组别的羊只在羊群中所占的比例。在肉羊场或以产羊肉为主的羊场，因幼羊或去势羊往往育肥到周岁左右就出售，或当年生羔羊当年屠宰利用，故成年母羊在羊群中的比例应较大，一般可达到70%~80%。种公羊在羊群中的比例与羊场采用的配种方式有密切关系。例如，在采用本交配种时，每只种公羊能承担50只左右的母羊，而采用人工授精时，则每只公羊的精液可配200~1 000只母羊。成年母羊中适繁母羊的比例越高，羊群的繁殖率越高，对提高肉羊生产效益越有利。种公羊基因直接关系到羔羊的质量和产品率，故在数量配置上要充足，必要时把本交时的公母羊比例提高到1∶30，人工授精时的公母羊比例提高到（1∶100）~（1∶200），另配置一定数量的试情公羊；在质量上要选择肉用性能好、配种能力强的种用公羊。

（三）羊群的规模

羊群规模可根据品种、牧场条件、技术状况等方面酌情确定。一般来说，山羊群和粗毛羊群可稍大些，改良羊群则应小些；种公羊和育成公羊因育种要求高，其群宜小，母羊群宜大。在缓起伏的平坦草原区，羊群可大些，丘陵区则应小些；在山区与农区，因地形崎岖，草场狭小，羊群则更应划小，以便管理。集约化程度高、放牧技术水平高时，羊群可大些，反之则应小些。羊群一经组成后，则应相对稳定，不要频繁变动，这样对加强生产责任制和经营管理都有利。

二、肉羊场的财务管理

财务管理是肉羊场有关筹集、分配、使用资金（或经费）以及处理财务关系方面的管理工作的总称。实践证明，制订财务计划是搞好财务管理的一个重要环节。财务计划是在生产计划的基础上进行的，它是从财务方面保证生产计划实施的重要措施，也是肉羊场一切财务活动的纲领，制订时应贯彻增产节约、勤俭办场的方针，遵循既充分挖掘各个方面的潜力，又注意留有余地的原则，并与生产计划相衔接。财务管理的日常工作主要是通过会计工作和物资保管工作进行的。但在整个羊场几乎每个部门的人员都可能涉及或参与财务管理工作。因此，贯彻民主理财的原则，充分调动财务专业工作人员和全体职工的积极作用，才能把财务管理工作做好。

第二节　肉羊场的生产工艺流程

我国目前较先进的规模化养羊场，生产线均采用均衡作业式的生产方式，采用先进的饲养工艺和技术。以湖羊为例，其设计的生产性能参数一般选择为：平均每只母羊年生产1.6窝，提供2.5只以上的肉羊，母羊的利用期平均为5年，年淘汰更新率20%左右。肉羊达到出栏体重36千克的日龄为180天左右(26周)，肉羊屠宰率50%，胴体净肉率80%。各养羊场根据自身实际情况制订相应的技术指标和生产计划。

大部分规模化养羊场采用以“周”为生产节律，采用工厂化流水作业均衡生产方式，全过程分为5个生产环节。生产工艺图见图8－1。

以300只湖羊基础母羊标准存栏为例。

妊娠母羊数＝180只

临产母羊数＝8只

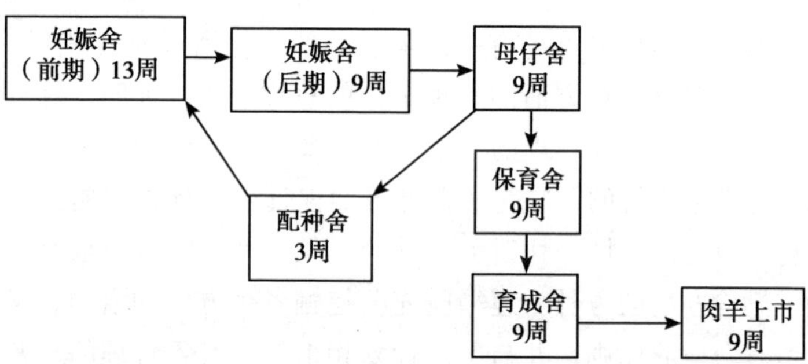

图8－1　工艺流程图

哺乳母羊数＝64只空怀断奶母羊数＝24只羔羊数＝8×8周×2.5＝160只保育羊＝8×2.39×9周＝172只育成羊＝172×99%＝170只合计：778只（其中基础母羊为300只）。

2 年上市肉羊数 =965 只。

第三节　肉羊生产的管理与技术指标

一、肉羊生产的管理

（一）肉羊场的计划管理

1. 肉羊场的生产计划

肉羊场的生产计划主要是配种分娩计划和羊群周转计划。我国肉羊生产的方式主要是适度规模农区型和中等规模的牧区型，集约化的肉羊生产较少。分娩时间的安排既要考虑气候条件，又要考虑牧草生长状况，最常见的是产冬羔（即在 11—12 月分娩）和产春羔（即在 3—4 月分娩）。产冬羔的优点是母羊体质好，受胎率和产羔率较高，可以减少流产和疾病，羔羊可以避免春季气候多变的影响，断奶后能够充分利用青草季节，到枯草期时已达到育肥标准，可实行当年屠宰。产春羔的优点是气温转暖，母羊可以在羊圈中分娩，在剪毛时已分娩完毕，并随后进入夏季草场，对喂养羔羊有利，但春季气候变化剧烈，特别是北方时常有大风、寒雨和降雪，易使体弱羔羊死亡，当年羔羊如屠宰利用时需要进行强度育肥，方可达到育肥标准。母羊的分娩一般应在 40 ~ 50 天内结束，故配种也应集中在 40 ~ 50 天内完成。分娩集中，有利于安排育肥计划。在编制羊群配种分娩计划和周转计划时，必须掌握以下材料。

（1）计划年初羊群各组羊的实有只数。

（2）去年交配、今年分娩的母羊数。

（3）计划年生产任务的各项主要措施。

（4）本场确定的母羊受胎率、产羔率和繁殖成活率等。

（5）根据以上材料编制出的羊群周转计划表和配种分娩计划表。

2. 羊肉、羊皮生产计划

是指一个年度内肉羊场羊肉、羊皮生产所作的预先安排，它反映了肉羊场的全年生产任务、生产技术与经营管理水平及产品率状况，并为编制销售计划、财务计划等提供依据。肉羊场以生产羊肉为主，羊皮也是重要的收入来源，其羊肉、羊皮生产计划的制订是根据羊群周转计划和育肥羊只的单产水平进行的。编制好这个计划，关键在于制订好育肥羊的单产指标，常以近三年的实际产量为重要依据，也就是在分析羊群质量、群体结构、技术提高状况、管理办法、改进配种分娩计划、饲料保证程度、人力与设备情况等内容的基础上，结合本年度确定的计划任务与要求来决定，其中羊群的质量状况、饲料保证程度和新技术的应用等，对此计划起着决定性的作用。

3. 饲料生产和供应计划

饲料生产和供应计划是一个日历年度内对饲料生产和供应所作的预先安排。为了保证肉羊饲养场羊肉、羊皮生产计划的完成，应充分利用羊场的有限土地，种植适合肉羊生产需要土地最适宜的优质高产的青粗饲料，以使所种植的饲料获得最高产量和最多的营养物质。饲料生产计划是饲料计划中最主要的计划，它反映了饲料供应的保证程度，也直接影响到肉羊的正常生长发育和畜产品产量的提高。因此，肉羊场对饲料的生产、采集、加工、贮存和供应必须有一套有效的计划做保证。饲料的供应计划主要包括制定饲料定额、各种羊只的日粮标准、饲粮的留用和管理、青饲料生产和供应的组织、饲料的采购与贮存以及饲料加工配合等。为保证此计划的完成，各项工作和各个环节都应制度化，做到有章可循、按章办事。

4. 羊群发展计划

当制定羊群发展规划或育种计划时，需要根据本年度和本单位历年的繁殖淘汰情况和实际生产水平，对羊场今后的发展进行科学的估算。其基本公式是：$Mn = M_{n-1}(1-Q) + M_{n-2}P$。式中，M代表繁殖母羊数（以每年配种时的母羊存栏数为准）；Q代表繁殖母羊每年的死亡淘汰率（通常为死亡率、病废淘汰率、老年淘汰率三者之和）；P代表繁殖母羊的增添率（通常为繁殖存活率、母羔比例、育成母羊育成率和母羊留种率四者之积）；Mn代表n年后的繁殖母羊数，M_{n-1}和M_{n-2}分别代表前一年和前两年的繁殖母羊数。例如，假定某肉羊场每年母羊的死亡率为2%、病废淘汰率为3%，老年淘汰率为10%，历年繁殖存活率为100%，其中母羔为50%，育成母羊育成率为97%，留种率为80%。则根据公式可算出：Q为0.15，P为0.388，代入公式即可算出以1 000只繁殖母羊为基础时1~10年的繁殖母羊发展数量分别为850、1 111、1 274、1 514、1 781、2 101、2 477、2 920、3 443、4 060只，当年生羔羊的母羊数为776、737、1 002、1 238、1 564、1 966、2 475、2 867、3 397和3 999只。同时，也可由此值推算出每年所应有的育肥羊只数，结合育肥效果和育肥标准，亦可算出每年能够出栏的标准育肥羊数。当然，应注意肉羊的发展计划只是个参考值，是否要达到此数量要考虑本场的饲料、设施、技术水平等条件，此外，公式中各种参数的变化及生产水平的提高或降低，都会影响到推算值的高低。

5. 羊场疫病防治计划

羊场疫病防治计划是指一个年度内对羊群疫病防治所作的预先安排。肉羊的疫病防治是保证肉羊生产效益的重要条件，也是实现生产计划的基本保证。此计划也可以纳入到技术管理内容中。疫病防治工作的方针是“预防为主、防治结合”。为此要建立一套综合性的防疫措施和制度，其内容包括羊群的定期检查、羊舍消毒、各种疫苗的定期注射、病羊的治疗与隔离等。

对各项疫病防治制度要严格执行，定期检查以求实效。

(二) 肉羊场的劳动管理

肉羊饲养场的劳动组织和管理一般是根据分群饲养的原则，建立相应的羊群饲养作业组，如种公羊作业组、成年母羊作业组、羔羊作业组等。每个组安排 1 ~ 2 名负责人，每个饲养员或放牧员都要分群固定，负责一定只数的饲养管理工作。其好处是：分工细，人畜固定，责任明确，便于熟悉羊群情况，能有效地提高饲养管理水平。每个饲养管理人员的劳动定额，可根据羊群规模、机械化程度、饲养条件及季节的不同而有所差别。例如，在牧区条件下，劳动定额是；成年母羊 200 只，育成母羊 250 只，育肥羔羊或去势羊 350 只，而在农区条件则分别为 50 ~ 100 只、100 ~ 150 只和 200 ~ 250 只。在肉羊场的劳动管理上还要建立生产责任制（即岗位责任制)，它对于充分调动每个单位、每个成员工作的积极性，做到责、权、利分明，以及提高生产水平和劳动生产率，都是非常有利的。

二、肉羊生产的技术指标

生产技术指标是反映生产技术水平的量化指标。通过对生产技术指标的计算分析，可以反映出生产技术措施的效果，以便不断总结经验，改进工作，进一步提高肉羊生产技术水平。

(一) 受配率

表示本年度内参加配种的母羊数占羊群内适龄繁殖母羊数的百分率。主要反映羊群内适龄繁殖母羊的发情和配种情况。

受配率（%） = 配种母羊数/适龄母羊数 × 100

(二) 受胎率

指本年度受胎母羊数占参加配种母羊的百分率。受胎率又分为总受胎率和情期受胎率两种。

1. 总受胎率

指本年度受胎母羊数占参加配种母羊的百分率。反映母羊群受胎母羊的比例。总受胎率计算公式如下。

总受胎率（%）=受胎母羊数/配种母羊数×100

2. 情期受胎率

指在一定期限（一个情期）内受胎母羊数占本期内参加配种的发情母羊的百分率。反映母羊发情周期的配种质量。

情期受胎率（%）=受胎母羊数/情期配种数×100

（三）产羔率

指产羔数占产羔母羊的百分率。反映母羊的妊娠和产羔情况。

产羔率（%）=产羔羊数/产羔母羊数×100

（四）羔羊成活率

指在本年度内断奶成活的羔羊数占出生羔羊数的百分率。反映羔羊的抚育水平。

羔羊成活率（%）=成活羔羊数/出生羔羊数×100

（五）繁殖成活率

指本年度内断奶成活的羔羊数占适龄繁殖母羊数的百分率。反映母羊的繁殖和羔羊的抚育水平。

繁殖成活率（%）=断奶成活羔羊数/适龄繁殖母羊数

（六）肉羊出栏率

指当年肉羊出栏数占年初存栏数的百分率。反映肉羊生产水平和羊群周转速度。计算公式如下。

肉羊出栏率（%）=年内出栏率（%）=年度内肉羊出栏数/年初肉羊存栏数×100

（七）增重速度

指一定饲养期内肉羊体重的增加量。反映肉羊育肥增重效果。一般以平均日增重表示（克/日），计算公式如下。

增重速度（克/日）=一定饲养期内肉羊增重/饲养天数

（八）饲料报酬

指投入单位饲料所获得的畜产品的量。反映饲料的饲喂效果。

第四节　肉羊生产的成本核算

一、投资概算

投资分为固定投资费用、流动投资费用、不可预见费用三部分。不可预见费用主要包括建筑材料、生产原料的涨价，其次是其他变故损失。

（一）固定投资概算

羊场的固定投资包括建筑工程的一切费用（设计费用、建筑费用、改造费用等）、购置设备产生的一切费用（设备费、运输费、安装费等）。在羊场占地面积、羊舍及附属建筑种类和面积、羊的饲养管理和环境调控设备以及饲料、运输、供水、供暖、粪污处理利用设备的选型配套确定之后，可根据当地的土地、土建和设备价格，粗略估算固定资产投资额。

（二）流动投资概算

流动资金包括饲料、药品、水电、燃料、人工费等各种费用，并要求按生产周期计算铺底流动资金（产品产出前）。根据羊场规模、羊的购置、人员组成及工资定额、饲料和能源及价格，可以粗略估算流动资金额。

(三) 不可预见投资概算

不可预见主要考虑建筑材料、生产原料的涨价，其次是其他变故损失。

(四) 投资概算实例

某一繁殖种羊规模羊场的投资概算。

1. 固定资金投资

(1) 土建工程投资。见表8－1。

表8－1　土建工程投资明细表

序号	建筑物、构筑物名称	单位	工程量	单价（元）	数量	费用合计（万元）
1	羊舍	平方米	3 000	300	1	90
2	草棚（饲料加工）	平方米	800	150	1	12
3	青贮池	平方米	1 000	80	1	8
4	围墙	米	400	250	1	10
5	道路	平方米	1 000	100	1	10
6	绿化	米	500	100	1	5
7	有机肥	米	200	150	1	3
8	给排水工程（给水）	米	200	30	1	0.6
9	给排水工程（排水）	米	400	60	1	2.4
10	大门	个	1	20 000	1	2
11	消毒池	个	1	500	2	0.1
12	土地租金	亩	50	1 000	1	5
合计						148.1

(2) 种羊投资。小尾寒羊母羊1 000只，1 200元/只；杜泊羊10只，1万元/只，合计130万元。

(3) 设备投资。见表8－2。

表 8－2　设备投资明细表

序号	使用途径	设备名称	单位	数量	设备购置费	
					出厂价（万元）	总价（万元）
1	饲料加工	精饲料粉碎混合机组	套	3	1	3
2	饲料加工	地磅	台	1	2	2
3	饲料加工	全混合日粮车	台	1	5	5
4	饲料加工	运料车	台	2	0.8	1.6
5	办公用具		套	2	0.5	1
6	兽医和人工授精设施设备	显微镜等	套	2	1.2	2.4
合计						15

固定资金投资合计为 293.1 万元。

2. 流动资金投资

饲料为每年 600 元/只，合计 60.6 万元；药品为每年 20 元/只，合计 2.02 万元；水电、燃料为每年 20 元/只，合计 2.02 万元；人工费为每年 200 元/只，合计 20.2 万元。流动资金合计为 84.84 万元。

另外，不可预见投资按 3% 预算，羊场项目的总投资为 389.62 万元。

（五）销售收入和销售税金及附加估算

本项目是畜牧业，属于国家扶持行业，在政策上，不用缴纳增值税，所得税有优惠。

年产羔羊 2 000 只，体重 40 千克/只，按市场价 25 元/千克计算，毛重估算收入 2 000 ×40 ×25 元 =200 万元。

年生产有机肥 1 000 吨，按市场价 100 元吨计算，估算收入 10 万元。

销售总收入约为 210 万元/年。

二、总成本及经营成本估算

（一）单位生产成本估算

1. 饲料成本

繁殖种羊饲料成本为1.15～1.30元/天，年饲料成本为500元/只，防疫及繁殖100元/只。1 000只羊合计60万元。育肥羊每只羊饲喂成本为200元，2 000只为40万元。

2. 工资及福利费

全部人员10人，年均工资1万元/人，合计20万元。

3. 水、电费

2万元/年。

4. 折旧等其他费用

16万元/年。

合计总成本138万元。

（二）年纯利润

每年实现利润为210万元（销售收入）－138万元（总成本）＝72万元。

第五节　肉羊的市场营销策略

一、中小型肥育羊场常用的几种销售方式

（一）通过农民经纪人进行销售

农民经纪人指的是以农产品为销售对象，为农业生产者和农产品的购买者提供信息，促进销售，从中取得佣金的这一类人。农民经纪人曾经在畜产品销售中发挥了重要作用，而且为畜产品的跨区域销售也做出过很大贡献。目前，特别是一些小型的肥育羊场，由于信息不太灵通，仍然通过农民经纪人销售

产品，同时也可以通过农民经纪人了解市场的需求情况，为以后的生产做好准备。

当然，通过农民经纪人销售也有一定的风险，因为目前许多农民经纪人主要是在地区内销售，跨区销售的比较少，所以对区外市场乃至全国市场不太了解，这就使得销售所受的局限比较明显，不利于大范围跨区域销售，空间局限性很大。因此，对于中小生产者而言，由于生产的数量不大，可以通过农产品经纪人在域内销售，若属于大中型养殖场则不适合采用此种销售渠道。

（二）通过商贩进行销售

目前，商贩（包括收购商人和屠户）是养殖户主要的销售对象，大多数的养殖户经常使用该种销售渠道。这是因为农户的生产规模小且分散，需要由收购商人通过四处下乡收购，将分散在乡间的羊集结在一起，再运往外地的屠宰场。另外，食品站也是一个比较重要的销售渠道，及少部分养殖户会选择食品站。但目前，大多数食品站已经被个人承包，他们也需要四处下乡购买养殖产品。养殖户在选择销售渠道时考虑的因素可以分为 3 种：价格、付款以及信任。而养殖户选择不同的销售渠道的最主要的依据是降低交易中存在的付款拖欠和价格的不确定性。养殖户在选择销售渠道时，还比较看中与交易对象的关系和交往经验以及交易对象的声誉，因为这往往意味着价格和付款有保证。交易的重复发生培养出信任，好的声誉也产生信任。在乡间，商贩也好，养殖户也好，大家彼此熟悉，价格上的欺骗或严重的质量问题可能会丧失声誉。养殖户对交往经验和买方声誉的重视程度可以说明这一点。也就是说，信任起到了减少不确定性、继而降低交易成本的作用。

（三）通过短期销售合同进行销售

目前，羊场在销售产品时经常采用口头协议或书面合同。

但该类型合同并不是商贩在养殖户制订生产计划时与羊场签订的，而是在羊快出栏或已经达到出栏的重量时，商贩上门看过产品品质之后与养殖户签订的。成交价格一般根据成交的市场行情确定。因此，这种口头或书面合同并不是典型的合同生产方式，而是羊场和商贩之间的一种短期销售合同。这种短期销售合同并不能帮助羊场户规避养殖中存在的价格风险和生产风险，有时甚至可能会被剥削掉一部分利润。

（四）通过集贸市场或批发市场进行销售

对于当地有批发市场的生产者，可以直接在批发市场上销售产品，这样可以减少销售风险，提高销售量，节约销售费用。

二、进一步开拓中小型肥育羊场的销售渠道

（一）参加农业专业化组织进行销售

目前，许多地区都有农业专业化组织，这些组织通常以协会的名义出现，如养猪协会、养鸭协会等。一般情况下，农业专业化组织中有专门的负责人在农产品的销售前组织集中收购农产品，然后按照农产品的质量分等级包装、定价销售。这样对于众多的农业生产者来说，不仅可以保证农产品的销路，而且在市场出现波动时还可以避免风险。中小型肥育羊场经营者在选择专业化组织时要强调专业化组织的功能和开拓市场的能力，选择适合产品销售的专业化组织。

（二）通过长期合同进行销售

长期合同与短期合同相比最典型的特点就是将生产和销售紧紧地捆绑在一起。目前的畜产品供应链中，采用长期合同生产方式向屠宰、加工企业提供活体动物在我国已经越来越多。采用合同生产方式既可以保证产品品质，又可以减少羊场和企业面临的市场风险及波动，因为羊场的生产和销售捆绑在一起，

避免卖难危机。合同收购方和羊场双方都有投入，羊场投入固定设施和劳动力，收购方提供饲料、疫苗等投入品和服务。价格是在保护价的基础上确定的，并且收购方根据饲料转化率等指标对羊场给予奖励。这样的合同生产方式可以有效降低羊场的价格风险和生产风险，稳定羊场的收入。从该合同生产方式可以看出，羊场所承担的价格风险很小，羊场面临的生产风险也因为收购方向羊场提供饲料等投入品和服务而减少。随着畜牧业规模化的速度加快，越来越多的羊场希望通过合同生产方式降低生产和营销中的不确定性，从而稳定收入。究竟哪些羊场适合合同生产方式呢？首先，养殖规模越大的羊场，越应该采用合同生产方式。原因是养殖规模越大，所面临的风险越大。因此，羊场希望通过合同生产方式减少风险，稳定生产。其次，有借贷用于养殖的羊场应采用合同生产方式。原因是采用借贷养殖的羊场经营者希望通过合同生产方式减少风险，收购方可以提供饲料等生产资料，从而在一定程度上减少了羊场的资金投入。另外，经验不足或者对市场信息不太灵敏的羊场也应该采取合同生产方式。这样可以获得技术支持，避免销售困难的情况发生。

（三）通过连锁商店或专柜进行销售

对于有一定规模的肥育羊场，可以尝试通过连锁商店或专柜的方式销售。在操作过程中，可以借鉴国内外连锁商业的成功经验，结合各地具体情况，实现严格的统一管理，即要统一装修格式、统一服务规范、统一进货、统一库存调配、统一价格、统一核算、统一管理等。在建立连锁商店的同时，还要成立连锁总店的配送中心，组织联购分销，既可以因为大批量直接送货享受价格优惠，增强与其他同类产品的竞争力，又能够缩短销售渠道，减少和降低销售成本。建立专柜时可采取与超市联合共建的方式。可以与超市签订长期的供应合同，在超市里设立自己的专柜，销售本羊场生产的羊肉产品，这一方面可以保证产品的质量和销量，另一方面也有利于品牌的传播。

（四）利用多种媒体协助销售

传统的协助产品销售的媒介有广播、电视、报纸、平面广告等。现在随着网络影响力的日趋增大，越来越多的人选择网络作为自己查询商品供求信息的重要媒介。所以，对于中小型肥育羊场的经营者，除了利用传统媒介外，还应该积极利用网络资源发布产品供给信息。

主要参考文献

陈松，孙苗，李铁拴. 2016. 肉羊繁殖与繁殖障碍防控［M］. 北京：中国言实出版社.

董建平. 2016. 肉羊高效养殖技术问答［M］. 北京：金盾出版社.

宋传升，董传河. 2015. 高效养肉羊［M］. 北京：机械工业出版社.